越玩越聪明的**数学游戏** >>

②

数学达人

吴长顺◎著

科学出版社

北京

图书在版编目(CIP)数据

数学达人/吴长顺著. —北京：科学出版社，2015
（越玩越聪明的数学游戏：2）
ISBN 978-7-03-043797-6

Ⅰ.①数… Ⅱ.①吴… Ⅲ.①数学-普及读物 Ⅳ. ①01-49

中国版本图书馆 CIP 数据核字（2015）第 052079 号

丛书策划：侯俊琳 郭燕春
责任编辑：牛 玲 郭燕春 李 萍
责任校对：赵桂芬
责任印制：徐晓晨 / 封面设计：众聚汇合
编辑部电话：010-64035853
E-mail：houjunlin@mail. sciencep. com

科学出版社出版
北京东黄城根北街 16 号
邮政编码：100717
http://www.sciencep.com
北京虎彩文化传播有限公司印刷
科学出版社发行 各地新华书店经销
*
2015 年 5 月第 二 版 开本：720×1000 1/16
2021 年 1 月第三次印刷 印张：12
字数：200 000
定价：38.00 元
（如有印装质量问题，我社负责调换）

序　玩转智力的魔方

周 莲 珊

童年阅读是人生的第一笔财富。童年阅读往往会影响孩子的一生。纵观古今中外的名人，他们的成功无不得益于童年阅读。特别是一本开启智力的好书，更是打开智慧之门的金钥匙。

著名的物理学家爱因斯坦在获得诺贝尔物理学奖后说：他五岁的时候，开始对智力游戏感兴趣，特别是对数学智力游戏。

爱因斯坦小时候的这种心态，正是一个孩子在懵懂的童年时代所萌动的一种对未知科学进行探索的冲动。对于一个孩子来说，他们面前任何一种事物内部都藏着一个秘密，或者说是一种诱惑！天生的求知欲望，促使他们要把面前的无数个为什么找出来。玩是一个孩子的天性，玩也是让一个孩子从小有效提高 IQ（智商）的法宝。智力游戏图书非常适合孩子在童年和少年时代阅读。如果说人生是一座大厦的话，童年有效的智力开发就是为未来的人生大厦奠定好坚实的基础。

“越玩越聪明的数学游戏”这套益智游戏书内容如此丰富和引人入胜，得益于作者吴长顺老师几十年的教学经验，以及他对孩子的了解和爱。吴老师数十年如一日，为数学爱好者设计、编写数学智力游戏。他常说，他之所以走上创作智力游戏之路，和中国著名智力游戏作家孙维梓、张祉浩前辈的栽培和影响是分不开的，他们之间也因此结下了深厚的友谊。这套书之所以能够出版，也得益于科学出版社编辑的一双慧眼，是他们发现、梳理、策划和编辑了这套书。

常言说：数学既是一个魔术师，也是一个万花筒。生活、学习中最为普通的数学知识，在吴长顺老师的书中，却变得这么有趣。这一道道、一组组的数学智力题，既是数学脑力操，又是数学游戏。书中还有丰富多彩的各种类型谜题、拼板游戏，更是能够提高孩子对数学 的兴趣。透过道道有趣的小题，孩子能够发现数学所蕴含的智慧和美妙。慢慢读来，这些妙趣横生、精彩不断的题目，总会给我们的小读者带来读书的“拿得起，放不下”的奇妙乐趣。这些有益、有趣的知识，对于孩子提高智商，培养探索精神十分有益！

在此，我向全国的小读者和你们的老师、家长推荐著名科普作家吴长顺老师的这套“越玩越聪明的数学游戏”丛书，希望这套书能够成为千千万万小读者的好朋友！

衷心希望“越玩越聪明的数学游戏”这样的益智图书，出版得越多越好！

2014 年 10 月 28 日

周莲珊　著名儿童文学作家。短篇少年小说《雪狼白蹄儿》2000 年获全国第八届冰心儿童文学奖·大奖；2003 年短篇少年小说《送白狐狸回家》获全国首届“中日友好儿童文学奖”一等奖。出版儿童图书 30 多部。

前　言

PREFACE

你有数学恐惧症吗？据说世界上每五个人就有一个人害怕数学。解答数学题，对他们来说如同火烤一样的难受，不是不会，而是一接触这些知识就有了强大的抵触情绪，从而造成了真的怕数学了。本书就是治疗这种病症的良方。

现在媒体上各种“达人秀”的真人节目非常流行。你是不是对那些能够准确解答出各种稀奇古怪问题的达人敬佩不已呢？你不想成为这样的人吗？

当你翻开手中的这本书，你就会遇到许多引人入胜的“难题”，要顺利解答它们，所用的数学知识可能不多也没那么高深，但却需要很强的分析判断、归纳推理、抽象概括等能力，以及灵活机智的数学思想和方法。

数学思想和方法，正是解决数学问题的根本所在，你愿不愿意成为引人瞩目的数学达人呢？

本书可谓是一座培养“数学达人”的训练营，通过那看似“模模糊糊一大片”的各种趣题，培养你具备独特的思维，看清楚“清清楚楚一条线”的数学原理。解答数学游戏题目，要机智，也要理智。通过本书精心挑选的游戏，一定能够发现出你眼中独特的数学规律和精巧方法。

成为数学达人，或许不是太久的事。通过练习本书中的题目，或填数，或拼接，或思考，或演算，无一不是乐趣和欣喜。这里绝不是课本的翻版，更不是习题的再造，它是充满了乐趣的秘密世界，是真正让人感受数学达人乐趣的快乐天地。

本书中的趣题的表现形式多种多样，一定会使大家产生很大兴趣，在兴趣中领悟、探索、发现，从而锻炼思维能力和创造能力，提高数学学习力。轻松动脑动手，快乐伴你左右。

本书在编写过程中，得到中国科普作家协会焦国力秘书长的支持和帮助，得到了山东省科普创作协会的鼎力支持，在此一并致谢。

由于水平所限，不足之处在所难免，望广大读者批评指正。

吴长顺

2015年2月

目 录

CONTENTS

三、奇奇怪怪

四、巧填趣分

七、天才游戏

八、五星填数

一、完美填数

1. 移动数字

这是一个神奇的数字算式游戏。

当然，这道算式是不相等的。但是，如果将算式中的一个数字移动一下位置，它则可变为等式。

试试看，你能很快成功吗？

$$128 \times 34 = 12384$$

2. 39 之谜

请在空格内填入适当的数字，使每条直线上的六个数之和都得 39。

你能填出来吗？

3. 六个数字

请在每道算式的空格内，填入数字 1、2、3、4、5、6，使三道等式都能够成立。

你能填出来吗？

□□□ - □□□ = 78

□□□ - □□□ = 278

□□□ - □□□ = 478

4. 填数巧算 111

请将数字填入空格内，使每条直线上（共六条）的六个数之和都得 111。如果告诉你每个圆环（共三个）上的 12 个数之和都是 222。

试一试，你能填出来吗？

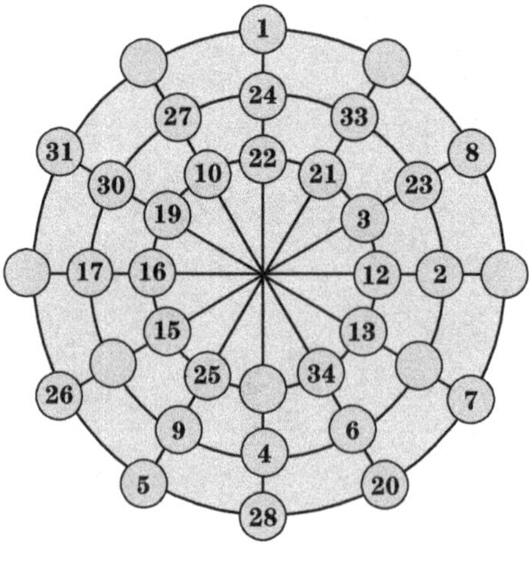

5. 填数求和

请在空格内填入适当的数，使每条直线上的四个数之和都得 24。先填写缺少一个数的，然后就不难填了。

试一试，你行吗？

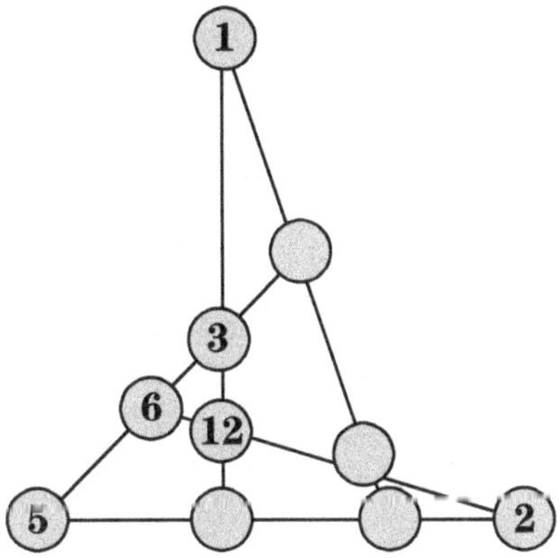

6. 椭圆填数

图中 6 个椭圆相互交叉，上面共有 12 个小圆圈。看一看，填有数的 4 个圆圈，它们的和为多少呢？对，是 26。请在其余的圆圈内，填入 8 个不同的数，使每个椭圆上的 4 个数之和都得 26。

试试看，你行吗？

提示：这个数阵是由 1～12 各个数组成。

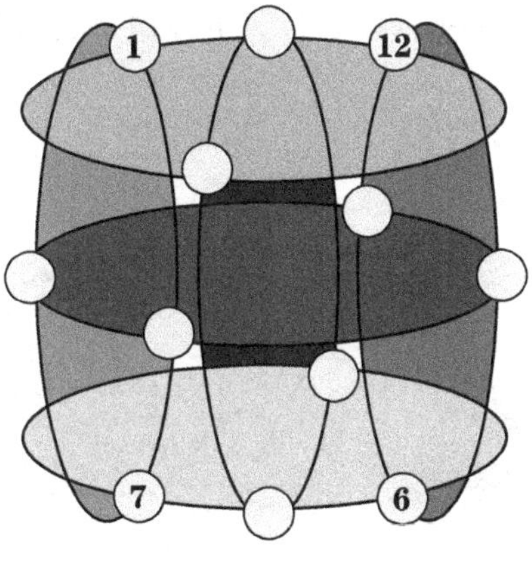

二、神奇图形

7. 图形互变

周末，妈妈跟小娜一同玩起了趣味拼板游戏。

妈妈说："拼成这个八边形 A 的 7 块拼板，还可以重新拼出一个三角形 B 来。"娜娜感觉特别好玩，就找来厚纸板将上面的线复制下来，制成了一套拼板……

问题 1：你认为能拼成吗？

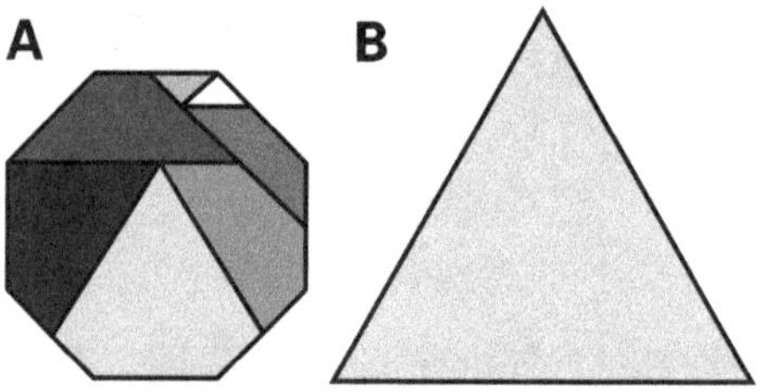

娜娜很快完成了拼成三角形的任务。

这时，她们余兴未尽。妈妈又说："这样吧，咱们反过来玩。这里有个拼成三角形 A 的 7 块拼板，它也可以拼成八边形 B。这就叫条条大路通罗马。愿意试试不？"

"当然，真好玩，不同的剪法呀，也能出现相同的结果。奇妙，真奇妙！"

说着，小娜又忙活开了……

问题 2：这可能吗？

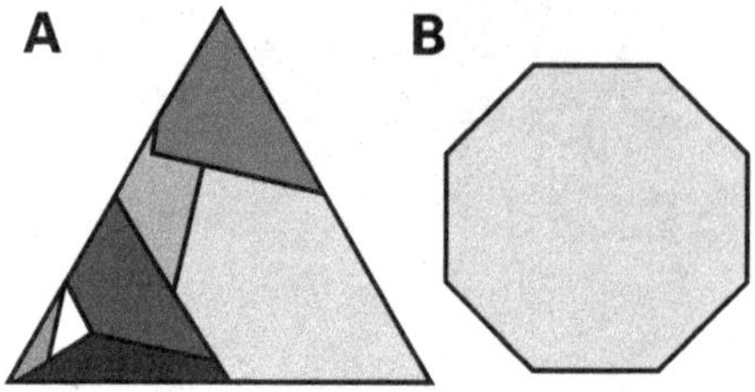

8. 图形幻方之 1

这张图中有九种不同的图案，请你将它们重新排列，使每横行、竖列、对角线上的三个图形的面积和相等。

试试看，你能顺利完成吗？

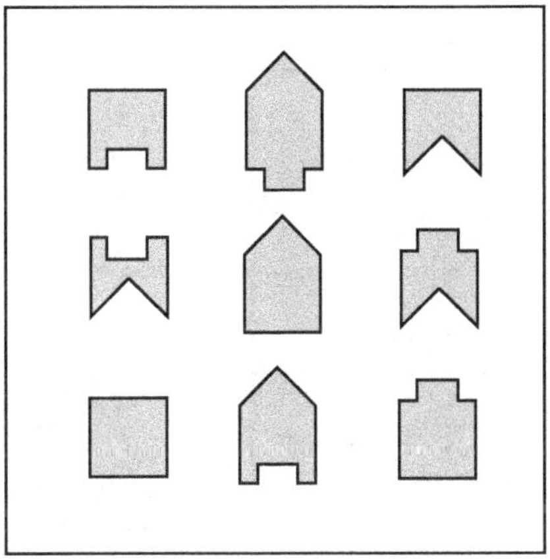

9. 图形幻方之 2

这张图中有九种不同的图案，请你将它们重新排列，使每横行、竖列、对角线上三个图形的面积和相等。

试试看，你能顺利完成吗？

10. 图形平分

请将这个图形沿线剪成面积相等、形状相同的两块。

你能找出多少种不同的分法呢？

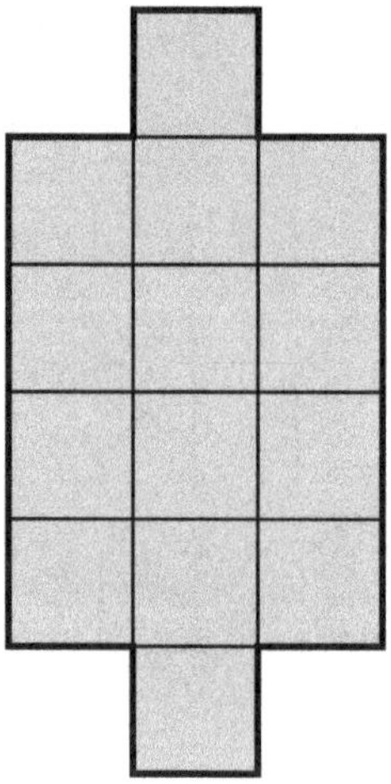

11. 涂色分图

请在小正六边形内涂上色，使每个图形被巧妙地分为形状相同、面积相等的三部分。四种分法不得相同，也不能是旋转或反转的图。

试试看，你能行吗？

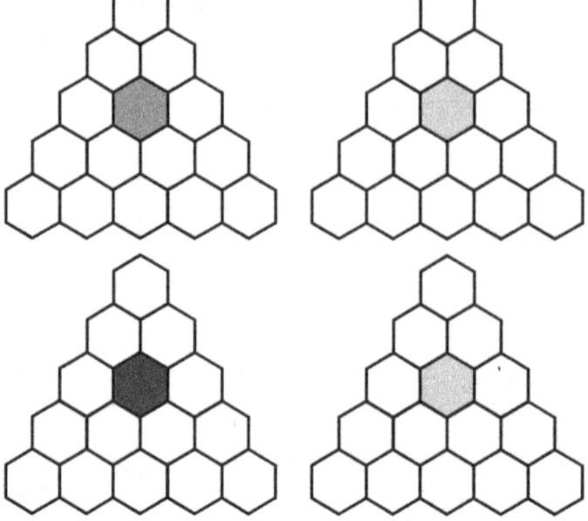

12. 微型数独

请把 1、2、3、4 各数填入空格内，使每横行、竖列、对角线及粗线框区域内都出现 1、2、3、4 这四个数字。试试看，你能完成吗？

1			
	2		
		3	
			4

13. 无独有偶

请在每道算式的空格内，分别填入 2、4、6、8 四个数字，使之成为得 200 的等式。

无独有偶，试试看，你能分别找出两种不同的答案吗？

39 × 70 ÷ 15 + □□ - □□=200

37 × 90 ÷ 15 + □□ - □□=200

2 4 6 8 ？

14. 完美三角形

请在圆圈内填入适当的数，使每条线段连接的两个数，大数与小数之间的差为你所填的数。

你能说出你所填的 6 个数有什么特点吗?

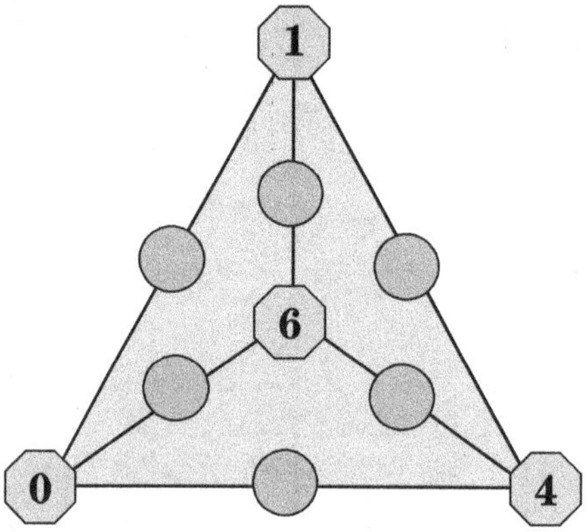

15. 完美四边形

请在圆圈内填入适当的数，使每条线段连接的两个数，大数与小数之间的差为你所填的数。

你能说出所填的 12 个数有什么特点吗?

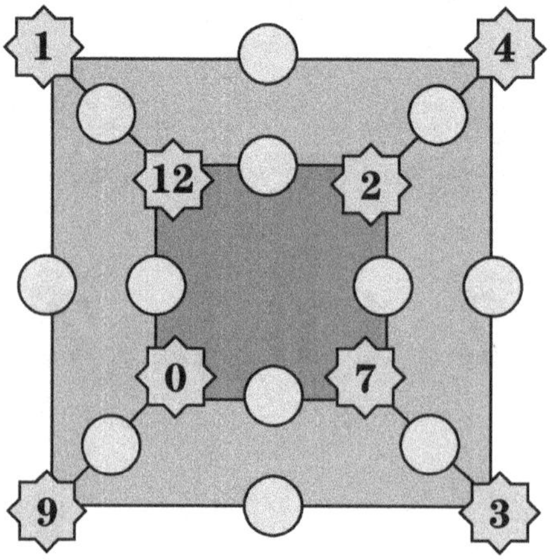

16. 完美五边形之 1

请你将每条线段圆圈内大数与小数之间的差，填在方框内。
你能说出你所填的 15 个数有什么特点吗?

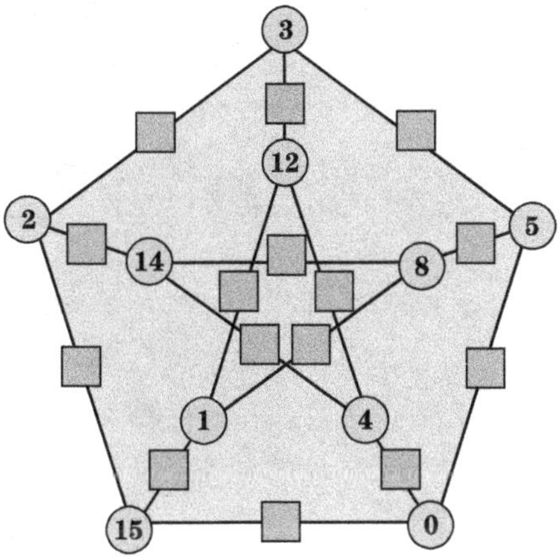

17. 完美五边形之 2

请你将每条线段上菱形内大数与小数之间的差，填在圆圈内。
你能说出你所填的 9 个数有什么特点吗?

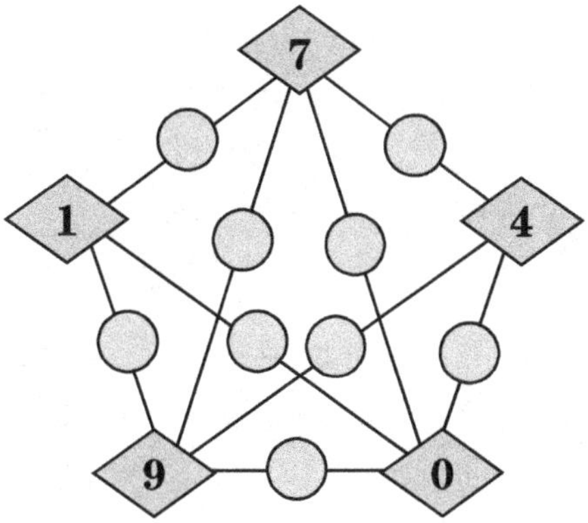

18. 玩转六面体填数

来看这样一个立方体，我们设计成如下的形式：

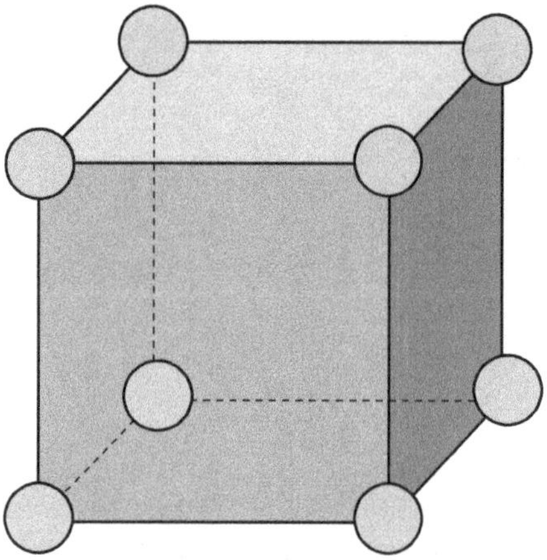

请在空格内填入1、2、3、4、5、6、7、8各一次，使这个立方体的每面上的数之和都得偶数。

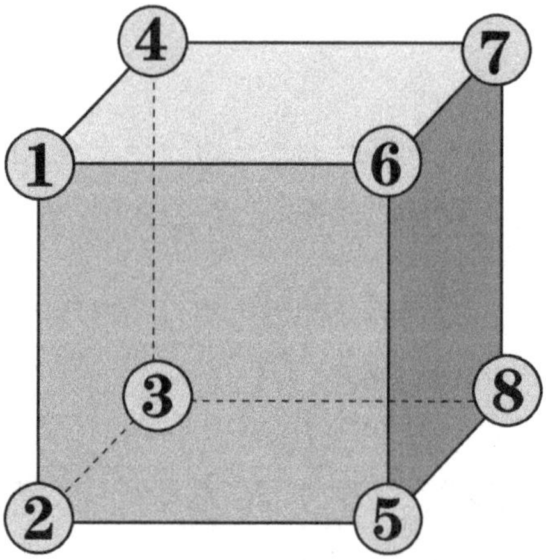

最上面1+4+7+6=18与最下面2+3+8+5=18的和都是18，除此之外，它们是1+4+3+2=10；1+6+5+2=14；4+7+8+3=22；6+7+8+5=26。

调整一下，让这个立方体的每一面上的数之和都相等，你行吗？

如果让六面上的数之和分别为13、15、17、19、21、23六个连续奇数，你还能办到吗？

请分别试一试。

19. 五个加号

给两道算式等号左边的数字链——“15897”共添上五个加号，使算式都等于111。

你能行吗？

1 5 8 9 7 =111
1 5 8 9 7 =111

20. 拼五角星之1

将这个十边形按上面的线划分为六块，用来拼出一个五角星。

试试看，你行吗？

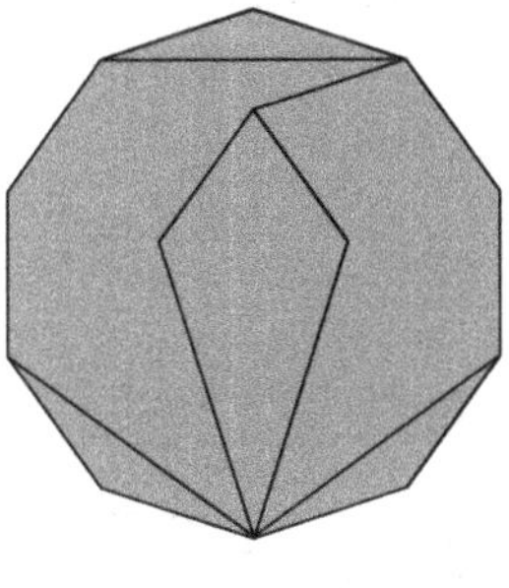

21. 拼五角星之2

将这个正方形按上面的线划分为七块，拼出一个五角星。

试试看，你行吗？

22. 拼正方形

左边图是用三块拼板拼出来的半个正方形。

请你用卡片纸复制一下，可以利用它们拼出一个完整的正方形。

你来试试看，行吗？

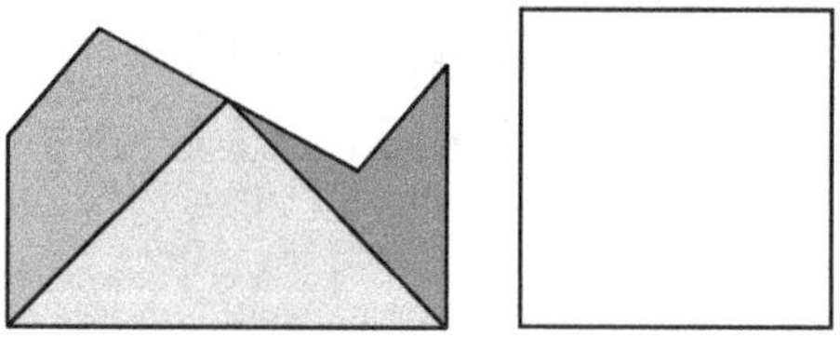

23. 平移拼图

请将图中的拼板复制一下，可用来拼出一个正方形。如果说你能顺利完成，那么，请你将它们打乱，然后拼出一个正六边形。

拼图的过程中，所有的拼板只需要平移，也就是原来是什么形式，移动后仍然是原来的形式。

试一试，你行吗？

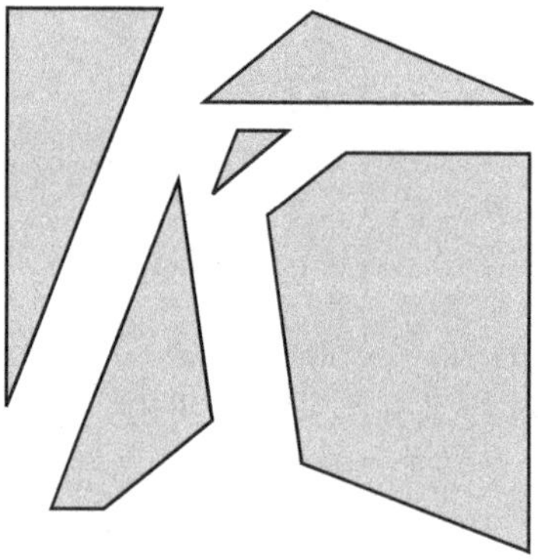

24. 平移转换之1

这是一个由五块不同图形的拼板拼出的正六边形。请你将它们复制一下，用来拼出一个正方形。当然，拼图时拼板只能平移，不得旋转或翻转使用。

试试看，你能拼成吗？

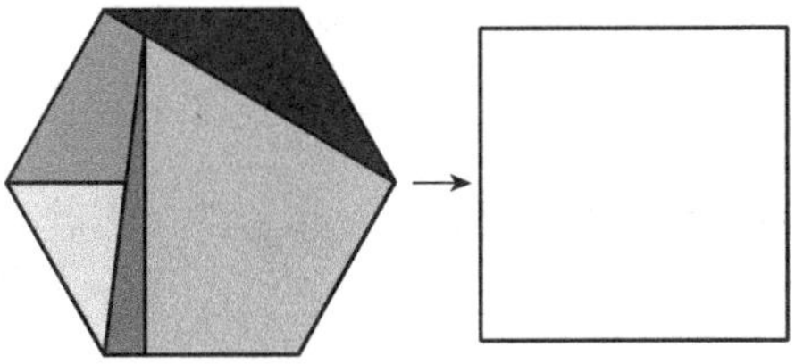

25. 平移转换之 2

这是一个由五块不同图形的拼板拼出的正六边形。请你将它们复制一下，用来拼出一个长方形。当然，拼图时拼板只能平移，不得旋转或翻转使用。

试试看，你能行吗？

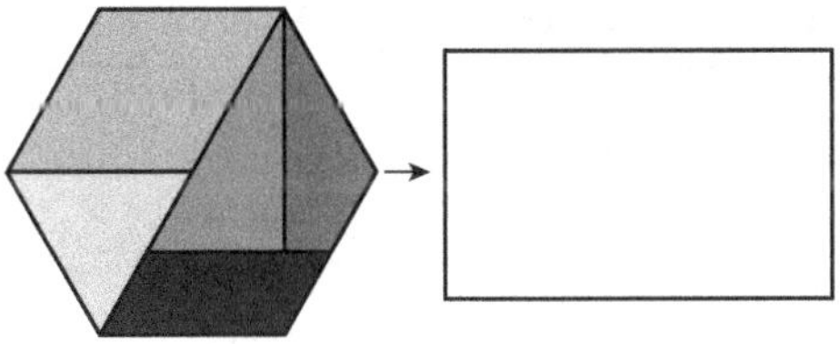

26. 铺地砖

张师傅在装修房子。客厅里有这样一块“十”字形地面，张师傅买来了锯齿状的地砖。这是用 28 块锯齿状的地砖铺出来的图形。中间的部分也想用同样的地砖铺上，且不留空隙，还需要多少块这样的地砖？你有办法铺成功吗？

你来试试吧！

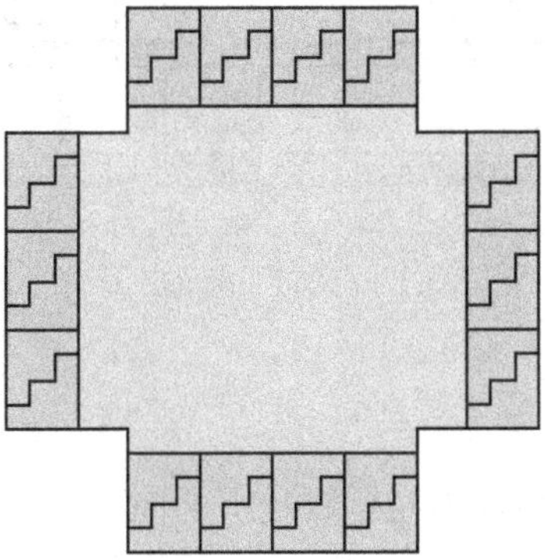

27. 七朵小花

请将带有七朵小花图案的纸片划分为大小相等、形状相同的七块。

试试看，你能行吗？

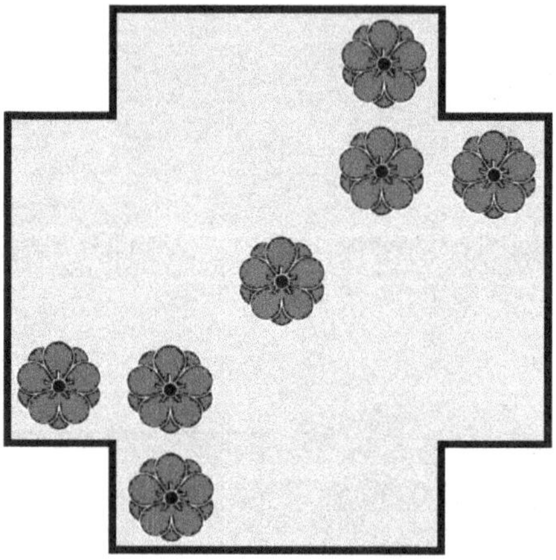

28. 七个数字

请在空格内填入数字 3、4、5、6、7、8、9，使之成为一道正确的乘法等式。你能够很快填出来吗？试一试。

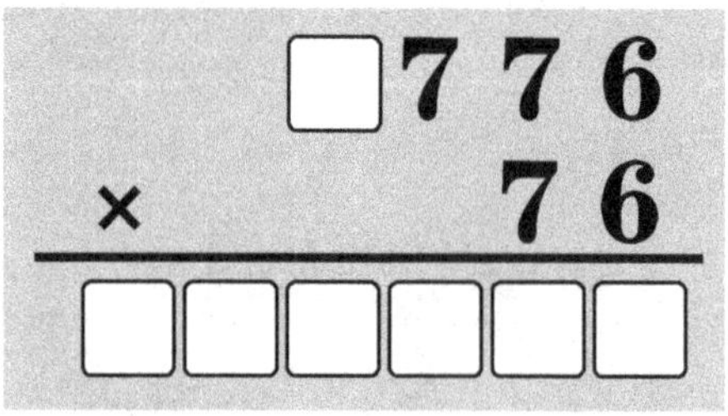

29. 七角星

请将 1～14 填入空格内，使每条直线上的四个数之和为 30。

试试看，你能找出多少种不同的答案呢？

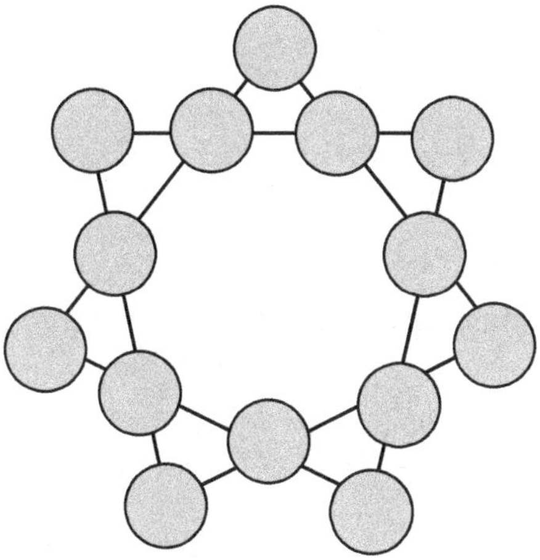

30. 七巧数独

请在空格内填入 1～7 各数，使每横行、竖列及加黑线区域内的 1～7 也不能重复。试试看，你能填上来吗？

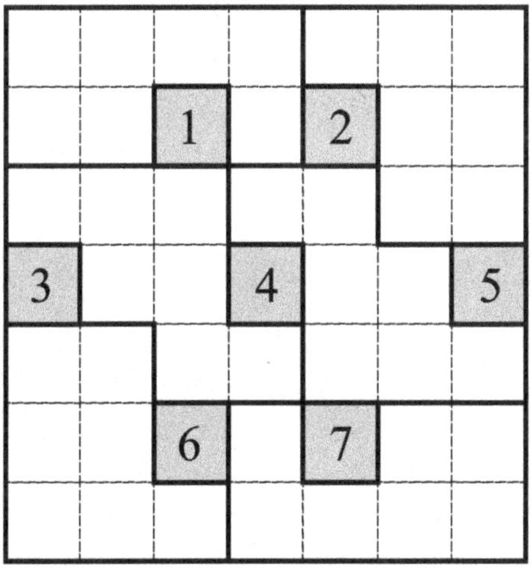

31. 七数填空

请将1、2、3、4、5、6、7这七个数字，分别填入空格内，使之成为一道等式。

试试看，你行吗?

□□ × □□ ÷ □□ = □8

提示：得数可以是18、28、38。

三、奇奇怪怪

32. 奇妙插数

小慧、小辉和阿毛在玩等式插数字游戏，组成的算式数字，商中仍然出现算式中的那些数字。

小慧像街头的商贩一样吆喝："走过路过，不要错过。瞧一瞧，看一看，奇妙的算式，你仔细瞧了。"说着，他在黑板上写下了这样的算式：

653÷2＝326.5

小辉说："看似平常的算式，不就是等号前后出现相同的数字吗？它的奇妙之处不仅仅就是这些吧？"

小慧手一摆："小瞧我们了不是，这道题目绝不就是这一点点趣味，它的妙处多的是。例如，在等号前后的适当位置，可以添上适当的数字，等式仍然保持相等。"

听了小慧这样一说，阿毛沉不住气了，连忙走向黑板，扭转身看看小慧的脸，心里说："嘿嘿，这底呀，我来揭。"

阿毛嗯嗯地清了清嗓子："诸位，我们在算式的'6'和'5'中间，添入相同个数的0，得数则在'3'和'2'中间出现相同个数的0……"说着快速写下了如下的算式：

653÷2＝326.5

6053÷2＝3026.5

60053÷2＝30026.5

600053÷2＝300026.5

6000053÷2＝3000026.5

60000053÷2＝30000026.5

……

大家一阵掌声。小慧并没有表现出特别的惊奇，阿毛疑惑地看了看他。

看到答案出现了，围拢过来的同学也都一一回到自己的座位上。

小慧大着嗓门："不要浅尝辄止呀！如果就此罢手，你永远体会不到它真正的快乐了。”

大家听出话里有话，就又纷纷围拢过来，一是看看这题还有没有什么神奇之处，更有趣的是想听听小慧还有什么高见。

刚刚回班的燕小六不知道班里发生了什么事，连忙问个不停：“怎么回事，啥情况，速速报上来!”

当他听清楚后，信笔在黑板上写出了另外一种情况，在原算式的“3”后，添入几个9，那么，得数中在小数点的左边就会出现相应的几个9：

653÷2＝326.5

6539÷2＝3269.5

65399÷2＝32699.5

653999÷2＝326999.5

6539999÷2＝3269999.5

65399999÷2＝32699999.5

……

有人在拍手叫好，大家佩服燕小六的机智和聪明。

小慧不紧不慢地说：“刚刚有两位高手已找到两种不同的答案，在下非常佩服。革命尚未成功，同学仍需努力。据我所知，此算式还有另外形式的添数方案。如果能够找出来，可得到一本《数学达人》书的奖励。当然了，阿毛和小六呢，也有奖励，那就是送书签一枚!”

“哈哈哈哈”小慧的一席话引得大家哄堂大笑。不过，小六和阿毛没有听这些，而是拿出了纸和笔，急匆匆地开始添数字，看样子，两个人都有志在必得的勇气……

试试看，你还能找出其他的添数形式吗?

33. 奇妙的4

4×4＝16是大家非常熟悉的乘法口诀。

见证奇迹的时刻到了！下面用上1～16各数，拼成乘方形式，并组成两个部分，它们的差恰好为4：

$(2^{15}+3^{14}+4^{10})-(5^{11}+8^{9}+12^{1}+13^{7}+16^{6})=4$

如果让得数为444，我这里也有答案：

$(1^{12}+2^{15}+3^{14}+4^{10}+5^{11}+13^{7}+16^{6})-(8^{9})=444$

下面测测你，用上数字1、2、3、4，组成具有这一规律的得4的算式。你能行吗?

$$\square^{\square}-\square^{\square}=4$$

34. 奇妙的算式

这是一道由数字 0～9 组成的五个两位数添入三种不同的运算符号而形成的等式。算式中的数字 4、5、6、7 被空掉了，你能很快填出来吗？

□□÷80×□□－21＝39

35 奇妙三角

请在空格内填入 1、2、3、4、5、6，使每条边上的三个数之和都与三角形内标出的数一致。

你能全部填出来吗？

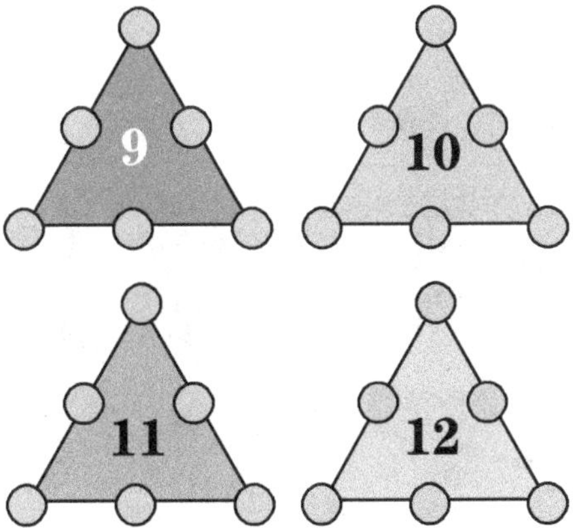

36. 奇偶站队

来看下面两道带有空格的算式：

1□3□04×□2□5=1357924680

□6□7□□×8□9□=1357924680

请在空格内填入0～9十个不同的数字，使它们组成相等的算式。有趣的是它们的乘积中13579和24680分别站成了一队。

你能填出来吗？

37. 奇数奇式

一年有365个日出，送给你365个祝福。将组成365的三个数字分别添上两个0，成为300、600、500三个整百数。

每道算式的空格内，分别填入奇数数字1、3、5、7、9，使之成为等式。

□8×□6÷□2+□0−□4=300

□8×□6÷□2+□0−□4=600

□8×□6÷□2+□0−□4=500

38. 奇数趣式

请在每组算式的四个空格内，填入1、3、5、7四个奇数数字，使等式都能够成立。

试试看，你能很快填上吗？

提示：每组算式中的四个因数恰好出现数字1～8各一次。

A

□□2×4=1408

□□6×8=1408

B

□□2×4=2848

□□6×8=2848

C

□□2×4=4272

□□6×8=4272

1 3 5 7 ?

39. 巧得 39

请在空格内填入 6、7、8、9、10、11、12，使每个三角形三条边上的数之和都得 39。

你能填出来吗？

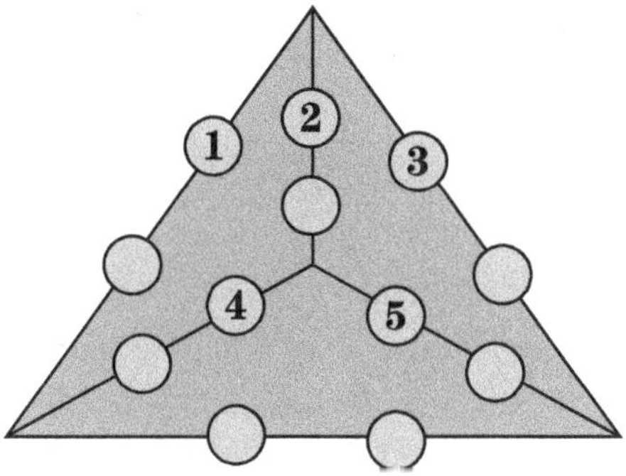

40. 妙算

用数字 1～9，组成一个六位数和一个两位数（算式中给出了数字 7 的位置）。请将数字 1、2、3、4、5、6、8、9 填入空格内，使之成为一道得数为 88888688 的算式。

这样的算式有两种，其中之一是“3174596×28＝88888688”。

试试看，你能找出另外一种填法来吗？

提示：两位数的因数为质数 19。

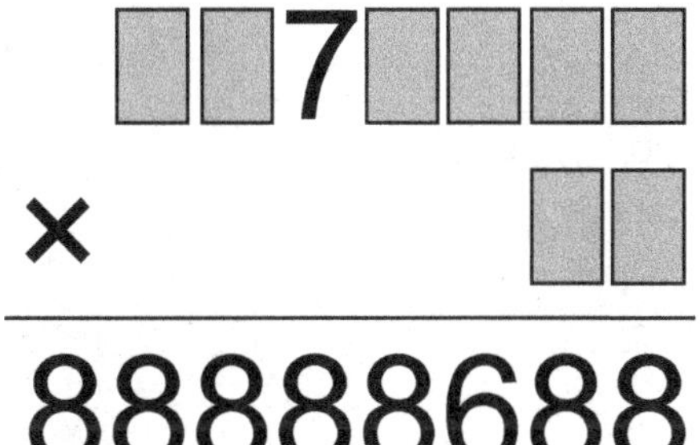

41. 明察秋毫

请你观察一下这个十二角星，你知道它是由下面哪一个六角形剪拼成的吗？

A

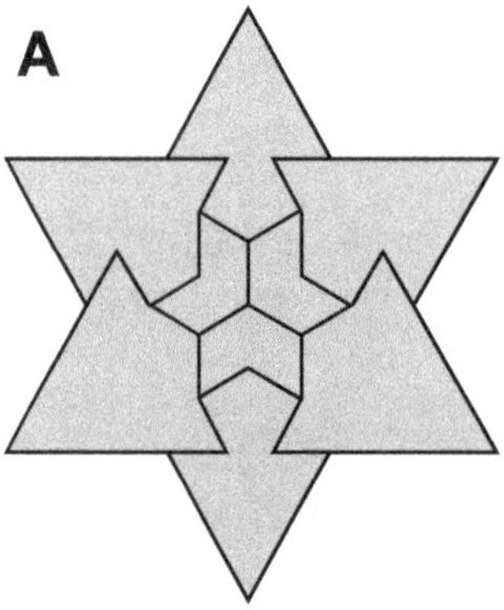

B

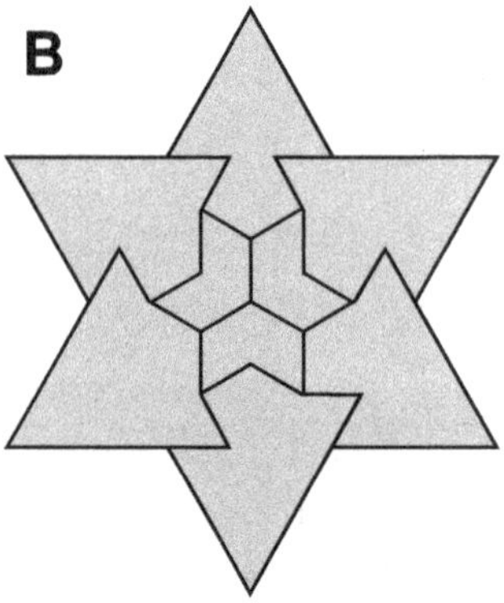

C

D

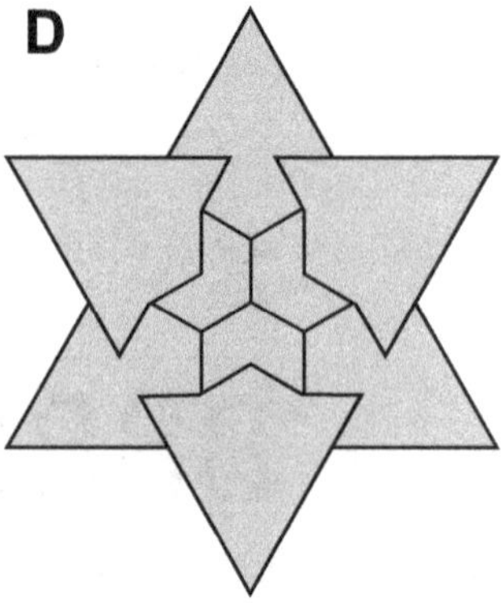

42. 冰山一角

妈妈在与娜娜玩剪图形“冰山一角”的游戏。

妈妈拿出了一个“冰山一角”的图形（如图），让娜娜剪成形状相同、面积相等的四块。娜娜不愧是剪图高手，很快就完成了。

你来试试，能顺利完成吗？

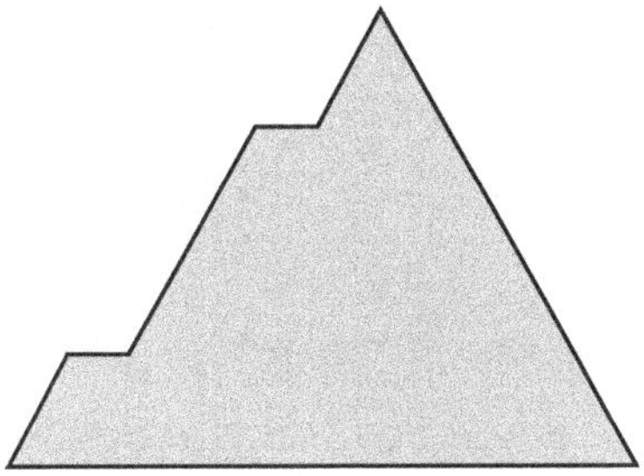

43. 偶数趣填

请将数字 2、4、6、8 分别填入空格一次，使之成为相等的算式。怎么填呢？

22112÷□=□7□□

44. 拼“马”

（1）目测一下，这四个相等的三角形拼成正方形后，中间要出现一匹马的剪影。你知道怎么样拼吗？

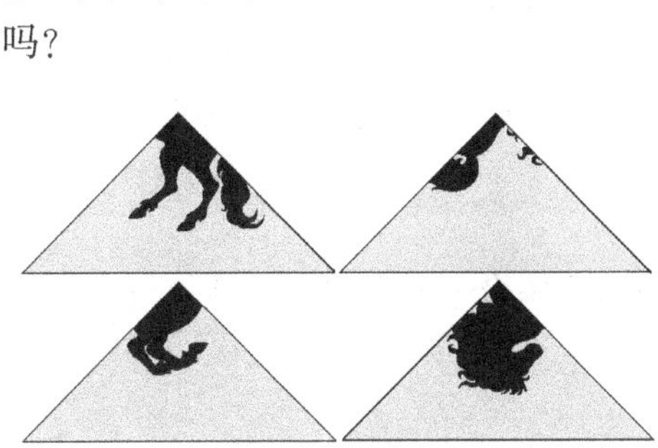

（2）请你复制一下这五块拼板，并用来拼出一个正方形。有趣的是，这个正方形的中间要有一个“马”字。

试试看，你能成功吗？

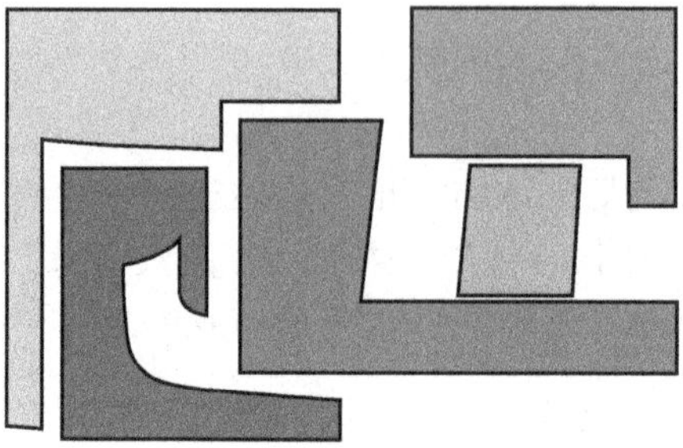

45. 拼长方形成汉字

这是一个由四块不同图形拼出的三角形。请你将它们复制一下，用来拼出一个含有一个汉字的长方形。

试试看，你行吗？

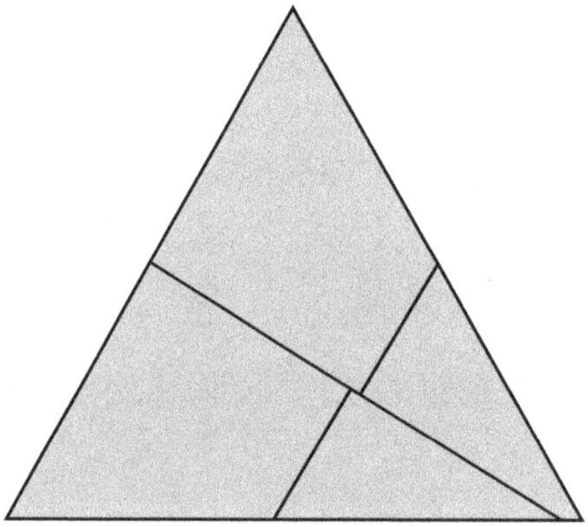

46. 拼方成字母

这是一个由四块不同图形拼出的三角形。请你将它们复制一下，用来拼出一个含有字母的正方形。

试试看，你行吗？

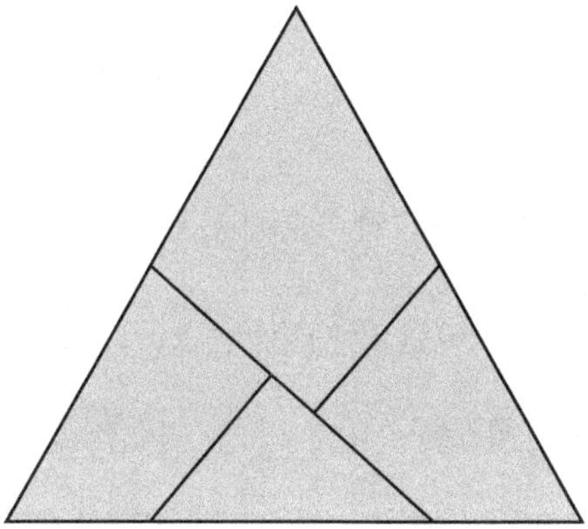

47. 拼六边形

学习了《小蝌蚪找妈妈》后，刘老师带领孩子们玩起了剪小蝌蚪的手工游戏。

教数学的张老师看到他们玩得非常开心，就说："大家剪出的'小蝌蚪'真好看。咱们也用它们玩个拼六边形的游戏吧！"大家高兴地叫起来。张老师接着在黑板上画出了这样的图案，说："请用 A 中的两块'小蝌蚪'图片，拼出一个六边形。如果你能够顺利完成，那请你用 B 中的三块'小蝌蚪'图片也来拼一个六边形。呵呵，真的难不住你的话，你也将 C 中的四块'小蝌蚪'图片拼出一个六边形吧。"

张老师的话让大家兴奋不已。没有想到这小小的"蝌蚪"图片的作用有这么大呢。

试一试，你行吗？

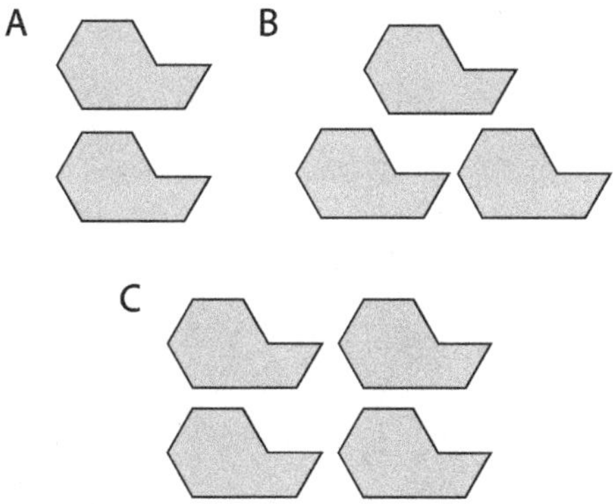

48. 拼图考眼力

A 和 B 是两种很相似的拼板，对，它们互为反转图。如果想拼成图中右边这个图形，用到的 A 和 B 哪种拼板多?

如果说你没有把握，那你可以用涂色的形式，慢慢完成噢。试试吧!

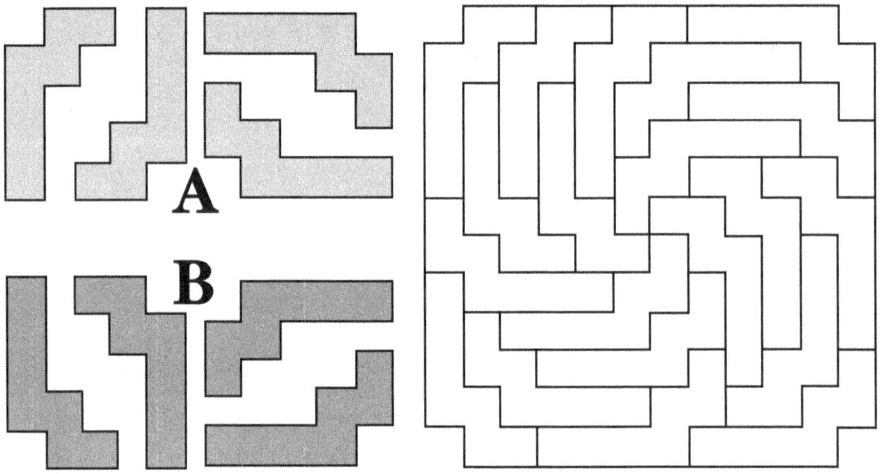

四、巧填趣分

49. 巧妙涂色

这是由 24 个小矩形组成的图形。请你用红、黄、蓝三种颜色将其余小矩形涂上色，要求相邻的小矩形内不能出现相同的颜色。

你来试一试，能行吗？

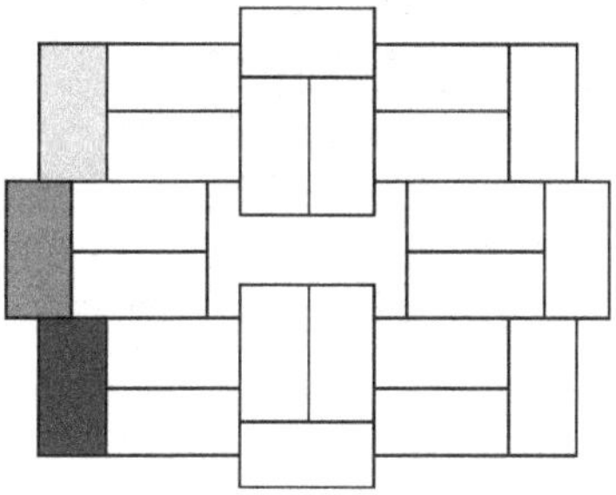

50. 巧妙填数

这是一个由 1～10 组成的一个五环相连图，请将空格内补上数，使每个圆环上的三个数之和都相等。

你能找出两种不同的填法来吗？

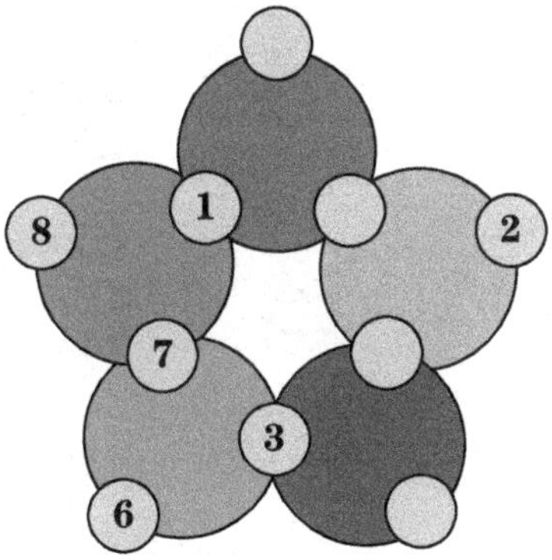

51. 巧妙四环

请在空格内填入 4、5、6、7、8、9，使每个圆环（共 4 个）上的数之和都得 39。

你能填出来吗？

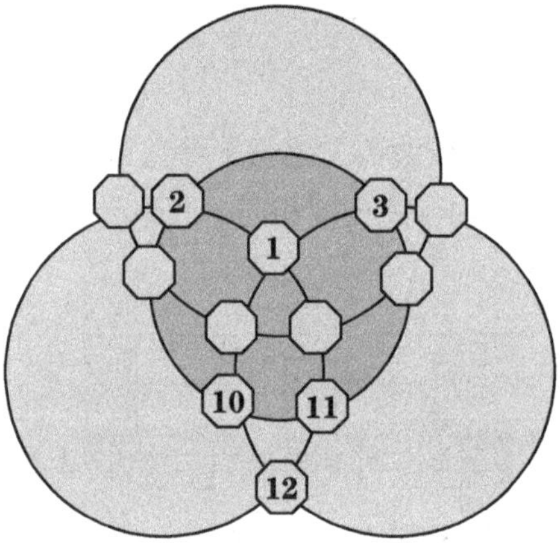

52. 巧分笑脸

请你观察一下图中的这个不规则图形，将它划分成形状相同、面积相等的六块，每块上要有一个完整的笑脸图案噢。

试试看，你能完成吗？

53. 巧分苹果

请将带有苹果图案的纸片划分为大小相等、形状相同的两块，每块上有两个苹果。

试试看，你能行吗?

54. 巧分妙组

请你将左边的三个小六边形，按上面的线划分成形状相同、面积相等的九块，并用来组成一个大的正六边形。

试试看，你能完成吗?

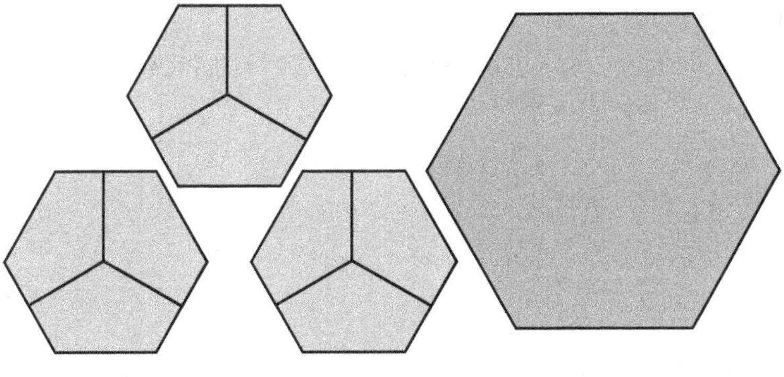

55. 巧分风车

这是一个“风车”图样的纸片，我们从上面剪下1、2、3三张形状相同、面积相等的图形纸片。

想想看，这张“风车”图共能剪出多少张与标有数字形状相同、大小相同的图形呢？

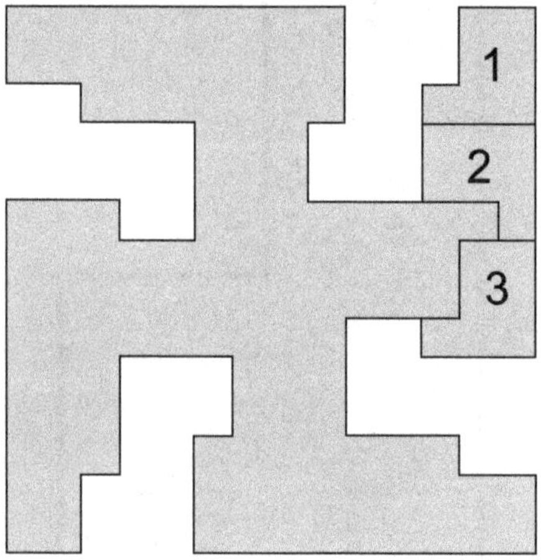

56. 巧得成百数之1

□□×□□÷□□+□□−□□=100

□□×□□÷□□+□□−□□=200

□□×□□÷□□+□□−□□=300

□□×□□÷□□+□□−□□=400

我们玩个填数字的趣味游戏：

如果用上1、2、3、4、5、6、7、8、9、0十个不同的数字组成五个两位数，再让+、−、×、÷四则运算参与其中，写出得100的算式，我们可以写出如下的算式。

$14\times70\div35+98-26=100$

$15\times64\div20+89-37=100$

$15\times74\div30+89-26=100$

$15\times84\div20+76-39=100$

$15\times96\div40+87-23=100$

16×54÷27+98−30=100
16×85÷40+93−27=100
18×76÷24+93−50=100
18×95÷30+67−24=100
19×70÷35+86−24=100
20×63÷15+94−78=100
20×63÷45+89−17=100
20×84÷35+69−17=100
23×80÷16+59−74=100
24×50÷16+98−73=100
24×60÷15+83−79=100
24×80÷15+39−67=100
24×85÷60+79−13=100
24×85÷60+97−31=100
25×38÷10+74−69=100
25×46÷10+78−93=100
25×70÷14+68−93=100
26×34÷17+98−50=100
26×45÷30+79−18=100
26×57÷13+80−94=100
26×58÷13+74−90=100
26×70÷35+89−41=100
26×74÷13+50−98=100
27×30÷45+98−16=100
27×50÷18+64−39=100
27×60÷45+83−19=100
27×68÷51+94−30=100
27×90÷54+68−13=100
27×90÷54+86−31=100
28×45÷10+67−93=100
28×57÷19+46−30=100
28×60÷15+37−49=100
28×73÷14+50−96=100
29×48÷16+50−37=100
29×54÷18+73−60=100

29×68÷17+34−50=100
30×45÷18+92−67=100
30×47÷15+92−86=100
30×62÷15+74−98=100
30×69÷18+42−57=100
30×69÷45+72−18=100
30×69÷45+81−27=100
30×72÷16+54−89=100
30×78÷45+69−21=100
30×78÷52+69−14=100
30×78÷52+96−41=100
30×79÷15+26−84=100
31×54÷27+98−60=100
32×56÷14+70−98=100
32×57÷16+80−94=100
32×58÷16+74−90=100
32×74÷16+50−98=100
32×95÷80+76−14=100
34×50÷68+92−17=100
34×52÷17+86−90=100
34×56÷17+80−92=100
34×59÷17+62−80=100
34×60÷85+97−21=100
34×69÷17+20−58=100
34×90÷85+76−12=100
35×46÷70+89−12=100
35×46÷70+98−21=100
35×48÷70+92−16=100
35×60÷84+92−17=100
35×64÷70+89−21=100
35×72÷40+98−61=100
35×72÷90+86−14=100
35×92÷70+68−14=100
35×96÷80+72−14=100
36×45÷10+27−89=100

36×50÷72+89－14=100
36×52÷78+90－14=100
36×72÷18+50－94=100
36×91÷28+40－57=100
36×98÷24+10－57=100
37×96÷24+10－58=100
38×45÷10+26－97=100
38×54÷19+62－70=100
38×57÷19+26－40=100
38×62÷19+50－74=100
38×67÷19+20－54=100
39×40÷15+68－72=100
39×56÷24+80－71=100
39×64÷52+70－18=100
39×70÷42+86－51=100
40×91÷35+68－72=100
41×69÷23+57－80=100
41×96÷32+57－80=100
42×57÷18+60－93=100
42×63÷18+50－97=100
42×75÷30+86－91=100
43×50÷86+92－17=100
45×76÷90+83－21=100

如果让得数为200、300、400，你还能写出这样的等式来吗？

你能将它们填写出来吗？不能填写出来也没有关系，我们将在答案中给出这道题的所有答案，让你欣赏数学算式的奇妙，分享知识和智慧带来的乐趣。

57. 巧得成百数之2

数学枯燥无味，数字冰冷无趣，持有此议的人甚至喊出废除数学的想法。数学是美妙的科学，它的严谨、它的和谐、它的神奇是一些人没有接触到的。

透过数学，可以细观“宇宙之大，粒子之微，火箭之速，化工之巧，地球之变，生物之谜，日用之繁”，感受“大哉，数学之为用”。专家们说将来数学会成为一种文化，而不仅仅是科学，更不是冰冷的数字。数学之妙，游戏之趣，亦可将人的理性思维发挥到极致。“哪里有数学，哪里就有美”。我们通过这道有趣的算式，将会告诉你更多的数学的奇妙，将让更多的小读者爱上数学，享受数学。

来吧！

题目：

每一道算式都是用+、-、×、÷四则运算符号的，还要填写 0、1、2、3、4、5、6、7、8、9 十个数字各一次。

你能将它们填写出来吗？不能填写出来也没有关系，我们将在答案中给出这道题的所有答案，让你欣赏数学算式的奇妙，分享知识和智慧带来的乐趣。

（□□□□÷□□+□-□）×□□=100

（□□□□÷□□+□-□）×□□=200

（□□□□÷□□+□-□）×□□=300

（□□□□÷□□+□-□）×□□=400

（□□□□÷□□+□-□）×□□=500

（□□□□÷□□+□-□）×□□=600

（□□□□÷□□+□-□）×□□=700

（□□□□÷□□+□-□）×□□=800

（□□□□÷□□+□-□）×□□=900

58. 巧得 135

请把 1、2、3、4、5、6 分别填入空格内，使之成为一道得数为 135 的算式。不妨动动脑筋，看看能够很快成功吗？

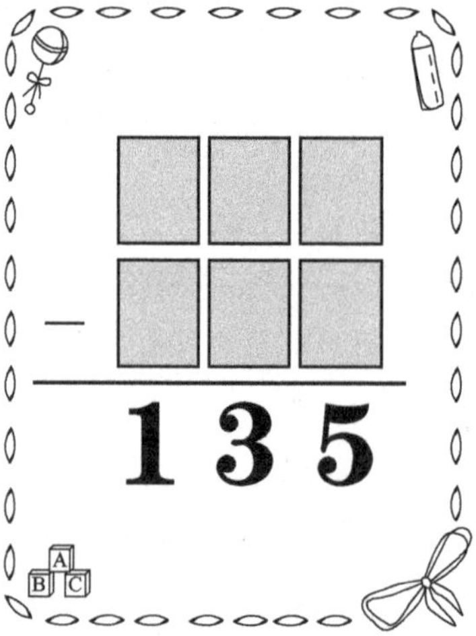

59. 巧得 50

这是根据清朝张潮幻九环改编的一个填数游戏。
请在空格内填入适当的数，使每个正方形上的四个数之和都得 50。
你一定能够顺利填写出来。试试吧！

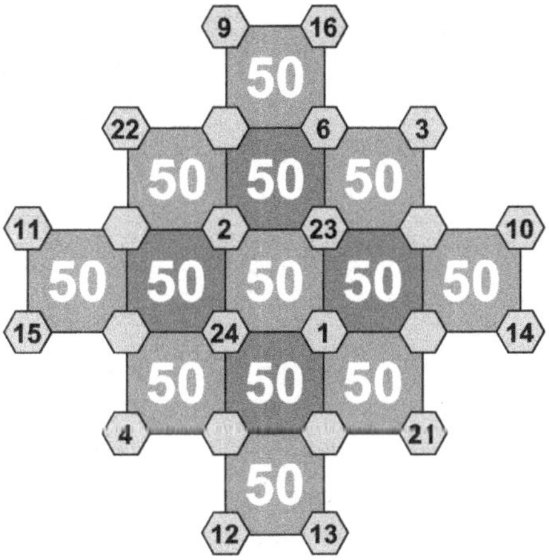

60. 巧得 40

这个数阵中，每个圆圈上的四个数之和都得 40。
你能很快将空格内的数填出来吗？

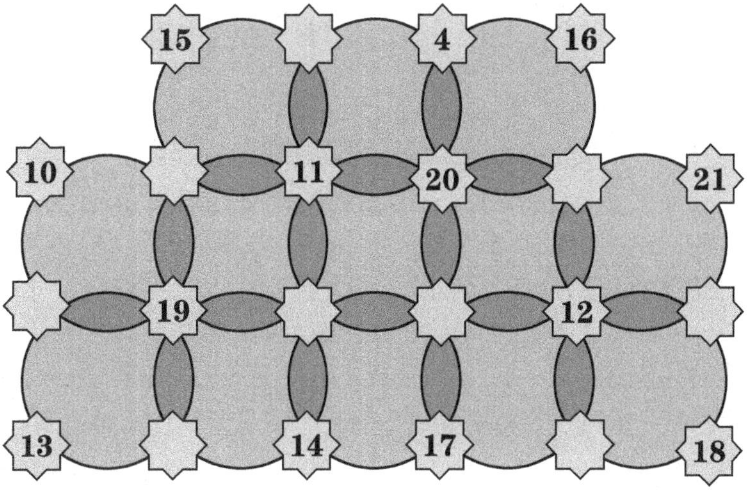

61. 巧填数字

请在空格内填入数字 1、2、3、4、5、6，使之成为相等的算式。

你能填出来吗？

78 ÷ □□ + □□ = □□

62. 巧填等式

来看这样一道等式：

13.4＋5.6＋8＝27

请在空格内填入适当的数字，使之也成为一道由 1、2、3、4、5、6、7、8 八个数字构成的等式。

你行吗？

13.4 + 5.6 + 8 = 27

□□.□ + □.□ + □ = 45

□□.□ + □.□ + □ = 63

□□.□ + □.□ + □ = 81

63. 巧填 1234

空格内请你填上 1、2、3、4 四个数字，使之成为一道得 100 的趣味算式。完成后你会发现，这道算式恰好是用上 0～9 十个数字和加、减、乘、除号列出的得 100 的奇妙等式。

你能找出两种不同的填法来吗？

65 × 98 ÷ 70 + □□ - □□=100

64. 巧算 ABC

这里有 5 道有趣的算式，只知道算式中的 ABC 表示 3 个奇数数字，且知道“A＜B＜C”。

你能根据算式表明的关系，判断出它们各是几吗？

AB+C+ABC=ACB
AB÷C×ABC=BCA
AB+CAB+C=CBA
ABC+AB+C=ACB
ABC×AB÷C=BCA

65. 巧算

这里有 17 道含有字母 ABC 的算式，只知道 3 个字母表示 3 个不同的奇数数字。

你能写出下面的这些算式的数字等式吗？

A＋BC×A×B＋C＝AAA

A＋BC÷A×B＋C＝AAA

A＋BCA÷B－C＝AAB

A×B－C＋ABC＝ABB

ABC＋A×B－C＝ABB
ABC×A＋B－C＝ABB
ABC÷A＋B－C＝ABB
A×B＋CA×B－C＝ACA
A×B×CA＋B－C＝ACA
A×B×CA－B＋C＝ACC
A×BCA－B＋C＝BCB
A×B＋CAB－C＝CAA
AB＋C＋ABC＝ACB
AB÷C×ABC＝BCA
AB＋CAB＋C＝CBA
ABC＋AB＋C＝ACB
ABC×AB÷C＝BCA

66. 巧十一

请在圆环内填入1、2、3、4、5、6、7、8、9、10各数，使每条直线上的三个不同颜色的圆环内的数之和都相等。如果你能够正确填入，每种颜色的圆环上的11个数之和都得187。

你能很快填出来吗？

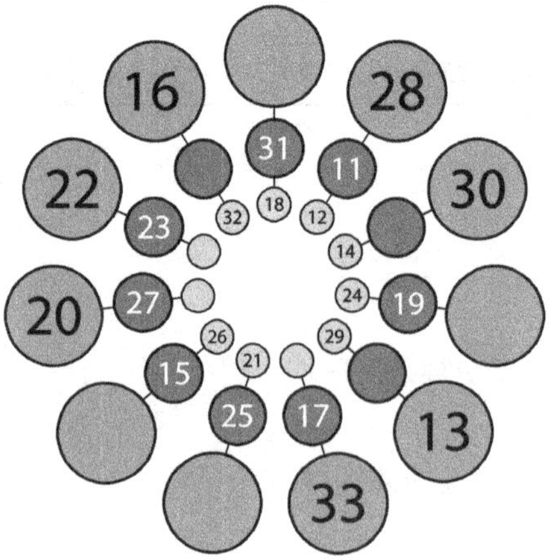

67. 巧去加号

图中有两道算式，显然是不能相等的。我们知道，如果等号左右各去掉一个加号，等式便可以成立。

完成一道后，你再试试另外一道，答案不得相同噢。

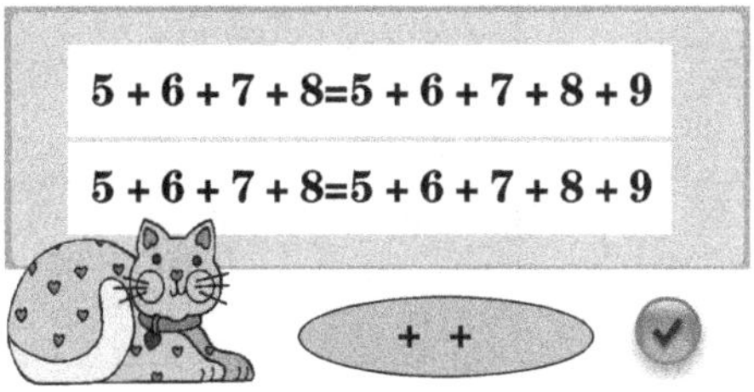

68. 巧铺桌面

这张矩形的桌面上铺着 28 张缺角的彩色的 A4 纸，要想将整个桌面全部铺上，还需要多少张这样的纸？

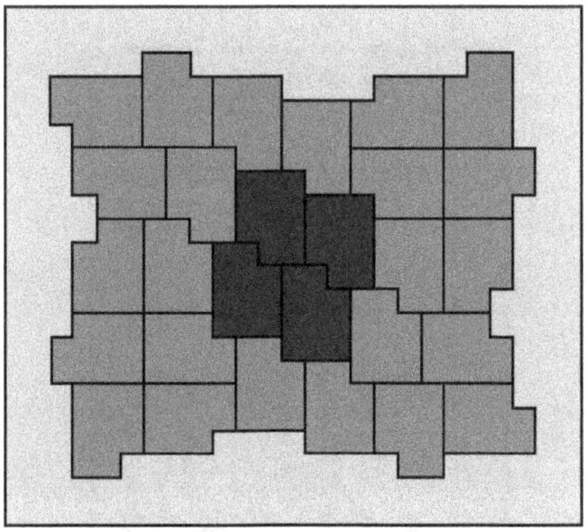

69. 巧拼字母 W

请你用硬纸卡制作出 12 个“W”字形纸片，每个“W”由 5 个小正方形构成，然后拼出右边的图形。

试试看，你能行吗？

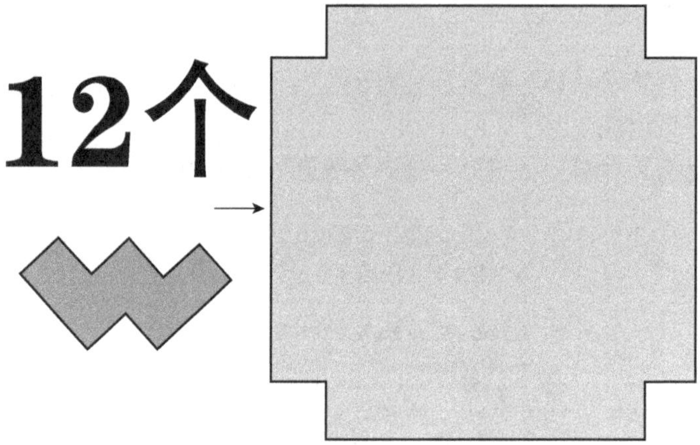

70. 趣得重迭数

在“246246”中填入适当的运算符号（不使用括号噢，括号属于关系符号而非运算符号），使得数为两个相同数字组成的数。

难不倒你吧！试试看，每种找出尽可能多的答案来。行吗？

2 4 6 2 4 6=11
2 4 6 2 4 6=22
2 4 6 2 4 6=33
2 4 6 2 4 6=44
2 4 6 2 4 6=55
2 4 6 2 4 6=66
2 4 6 2 4 6=77
2 4 6 2 4 6=88
2 4 6 2 4 6=99

71. 趣分小猫

这是一组考验同学们思维能力的小游戏，如果按照惯性思维——最近原则，同学们可能很难找到答案，不妨突破惯性思维，统筹考虑，这样你很快就会找到答案。

来试一试吧！

（1）这里画有 9 只小猫。现在想请你将这个图形，划分为形状相同、大小相等的 9 份，每份上要有 1 只小猫。

试试看，你能很快成功吗？

（2）方格内画有 4 只小猫。现在想请你将这个大正方形，划分为形状相同、大小相等的 4 份，每份上要有 1 只小猫。

想想看，能有几种不同的分法。

（3）请将带有小猫图案的纸片划分为大小相等、形状相同的四块，每块上要有一对可爱的小猫噢。

试试看，你能行吗？

72. 趣补数字

这道算式非常有趣，得数和算式中都是3、6、5。可惜呀可惜，算式是不相等的。有办法补救吗？有，就是给算式添上一个数字，你知道是什么数字吗？该添在哪儿呢？

$$3^6\times 5=365$$

73. 趣变三角形

课间大休息时，阿毛跟小慧玩起了趣味拼板游戏。

阿毛得意地说："诸位，我新近有个大的发现，就是这个，拼成这个六角星A的6块拼板，还可以重新拼出个三角形B来。"大家一下子来了兴趣，看这个圆乎乎的东西，也能变成稳定性最强的三角形？小慧也是半信半疑，就用厚纸板复制下来，要亲自试一试……

问题1：想想看，怎么样拼才能够得到个三角形呢？

小慧很快做了出来。

大家兴趣不减。小慧也想起了一道题，于是想"将"阿毛一军："你那个像圆球的东西是可以变成三角形的。我这里有个'十'字形，划分成了5块，它呢？噢，它也能变成个三角形。别光出题考我们，你也来试试吧？"说着，小慧

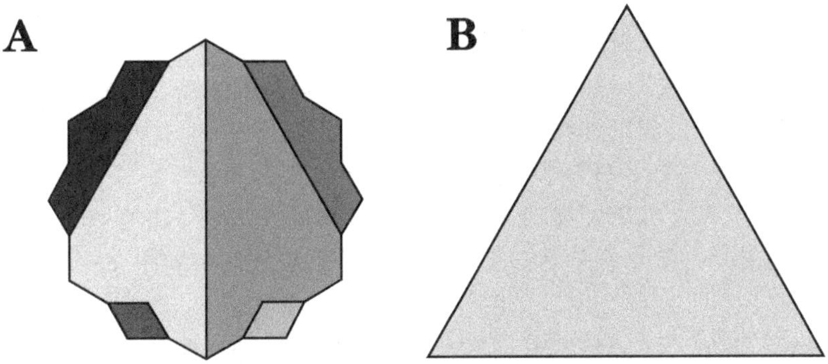

也像阿毛一样，列出了 A 和 B 两个图形。

大家一看有看头，纷纷围拢过来想看个究竟。

问题 2：聪明的你怎么看？能拼成吗？

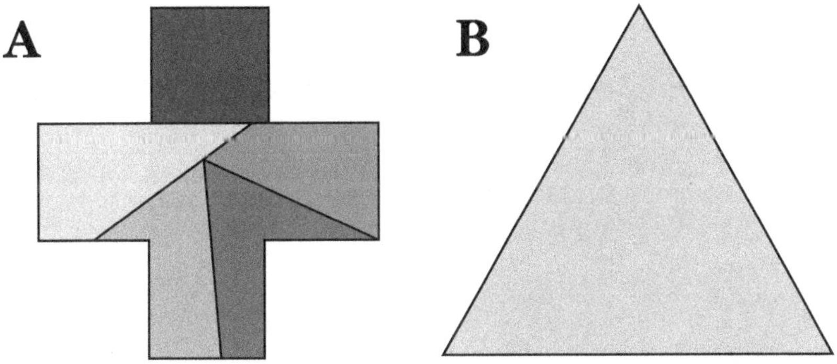

这个问题看来难不倒阿毛，毕竟趣味数学小组长的实力还是有的。

人群中有个叫小七的，人称数学大脑门。他灵机一动，将小慧给出的“十”字形拉长了，也列出了拼三角形的题目：

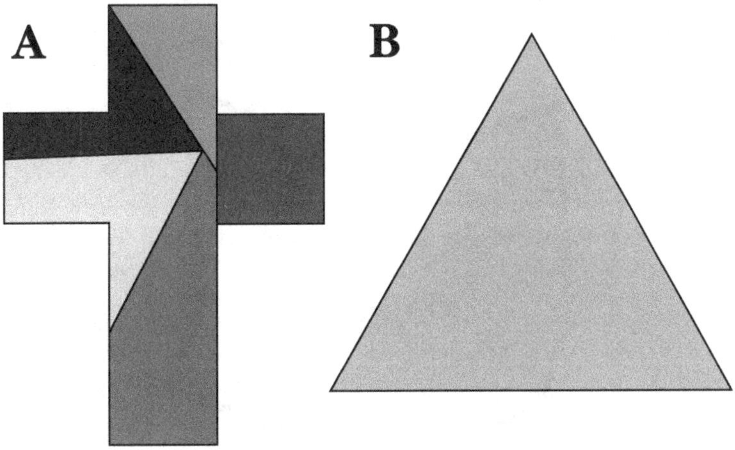

阿毛一下子愣住了，明显是比刚刚做出的多了一个小正方形的。可是上面的线并不完全相同，当然是一道新的题目了。

小慧一旁乐不可支，显然两道题如出一辙，但又另辟蹊径。这多余的小方格是不是能够融入到三角形内呢？

问题3：你能够拼出来吗？试一试。

小七见阿毛愣在那里，诡秘一笑，嘴里大声叫起来："几何三角八角，三角三角，几何几何？"像是在干扰，又像是不相信阿毛能够解答出来……

"叮叮叮，上课时间到了，请同学们做好上课准备，马上上课！"大喇叭里的上课声响了，班里才稍稍静了下来。大家一看是数学老师在黑板上写下了"三角形定理"板书，教室里哄堂大笑起来……

74. 趣拼等式

请将适当的数字填入空格内，使之成为一道等式。

想想看，该如何填呢？

① 1234×□□□□ =1□2□3□4

② 1×12×123×1234= 1□2□3□4

75. 趣剪纸片

这里有一块含有小猫头像的不规则纸片。请你用透明纸复制下来这个纸片的外形轮廓。并试着将它划分为形状相同、大小相等的4块。

试试看，你行吗？

76. 趣味划分

这个“胖十字”的纸片上画有 12 颗五角星。请将它划分为大小相等、形状相同（或镜像）的 12 块，每块上有一颗五角星。

据说能够在半小时内完成，你就非常了不起。你来试一试，能行吗？

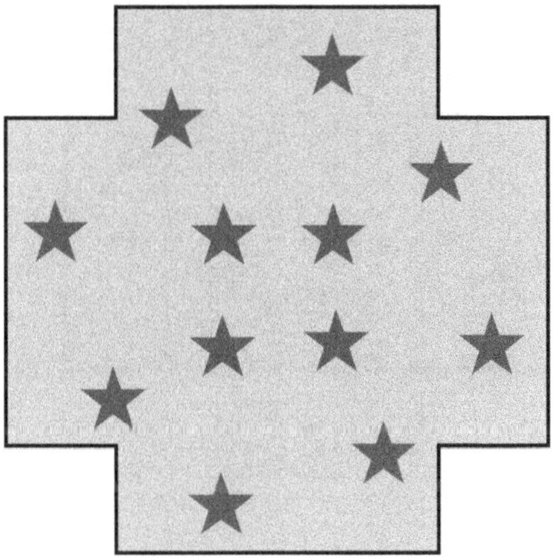

77. 趣味 123 之 1

请在空格内填入适当的数，使图中的每横行、竖列、对角线上的三个数的和都得 123。

试试看，你能根据给出的数推测出来吗？

5	79	
		77

78. 趣味 123 之 2

请在空格内填入适当的数，使图中的每横行、竖列、对角线上的三个数的和都得 123。

试试看，你能根据给出的数推测出来吗？

51	55	
		75

79. 趣味 123 之 3

请在空格内填入适当的数，使图中的每横行、竖列、对角线上的三个数的和都得 123。

试试看，你能根据给出的数推测出来吗？

53		
3		
		29

80. 趣填质数

质数又称素数。一个大于 1 的自然数，如果除了 1 和它自身外，不能被其他自然数整除，就被称为质数。

关于质数有很多历史悠久的世界级难题，如哥德巴赫猜想、黎曼猜想、孪生素数猜想等。等你以后去了解和研究噢。

这是一组极为有趣的连环算式，已知算式中的字母表示着10个不同的质数。只知道F为61，试试看，你能很快填写出其他的算式来吗？

试一试，你行吗？

$A+2=B$

$B+4=C$

$C+6=D$

$D+8=E$

$E+10=F$

$F+12=G$

$G+14=H$

$H+16=I$

$I+18=J$

81. 趣填等式

例如：请在空格内填入1、2、3、4、5、6、7、8、9各一次，使两道等式都能够成立。

你能填出来吗？

□□□+□=360

□□□+□□=360

由第一道等式，不难猜出它百位和十位上的数字分别为3和5，而两个个位数上的数字只要符合其等于10即可。同样道理，第二道算式中，不出现已经填写过的数字，只需要让百位上的数字为2，两个十位上的数字相加为15，加个位上进上来的1，答案很容易填了。

359＋1＝360

274＋86＝360

或

354＋6＝360

271＋89＝360

题目：

请在空格内填入1、2、3、4、5、6、7、8、9各一次，使两道等式都能够成立。

你能填出来吗？

□□□＋□＝369

□□□＋□□＝369

82. 趣填90

请在图中的正六边形空格内，填入适当的数，使每个90周围的四个数之和都得90。

试试看，你能根据给出的数，很快推理出来吗？

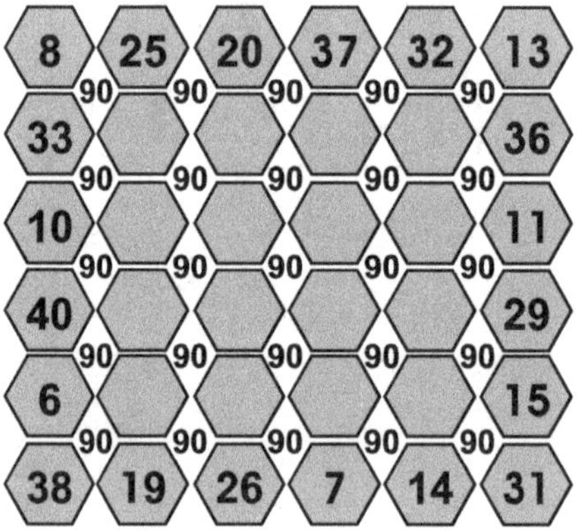

83. 趣添数字

这是一道什么算式？

57×57＝57

它不是等式，如果给算式添入数字 1、2、3、4 各一次，就能组成一道等式。你能够添成功吗？

84. 趣数 689

689 是一个有趣的三位数，如果你写在一张纸上，将它旋转 360 度，看到的仍是这样一个三位数 689。如果你搜索一下“689 年”，你会看到很多在公元 689 年发生的事。

请在等号左边的数字链“12345678”中，添入＋、－、×、÷运算符号各一次，使它们组成得 689 的算式。注意，四种运算符号各使用一次，且算式中不使用括号。

下面给出一种答案。想想看，你能找出另外的答案来吗？

$$12\times345\div6+7-8=689$$

1 2 3 4 5 6 7 8 = 689

× ÷ + −

85. 趣味数阵

请在空格内填入 5～40 共 36 个数（部分数已填），使每横行、竖列、对角线上的六数之和为 135。当然还要满足任意一个圆环上的四数之和均为 90 这一条件。

你能填出来吗？

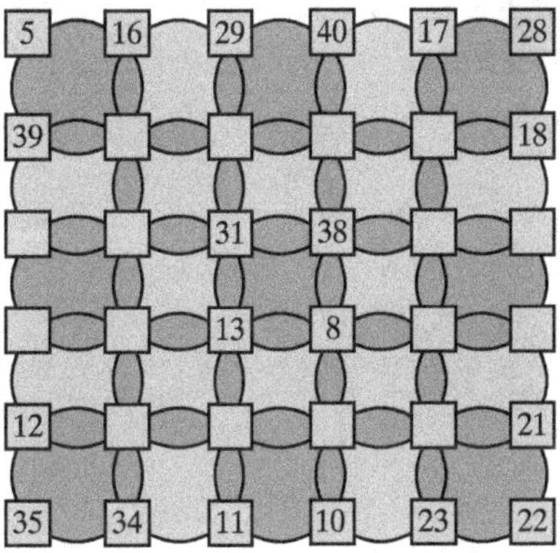

86. 趣味拼板之1

这里有五块拼板，请你用卡片纸复制一下，可以利用它们五块拼出一个三角形。如果能够成功，那么请将它们重新利用，还可以拼出一个正六边形。

你来分别试试看，能够成功吗？

87. 趣味拼板之2

这里有五块拼板，请你用卡片纸复制一下，可以利用它们拼出一个矩形。如果能够成功，那么请将它们重新利用，还可以平移拼出一个正六边形。

你来分别试试看，能行吗？

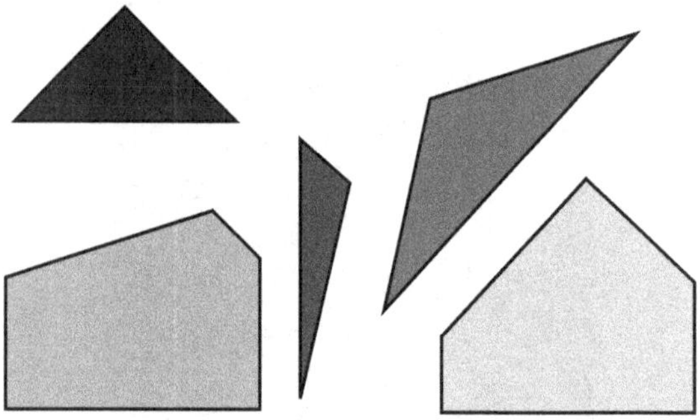

88. 趣味剪拼之3

这是一个非常好玩的拼带“蝴蝶结”的八边形游戏。请你将正方形按上面的线剪开，巧妙放入右边带有“蝴蝶结”的正八边形。

动手试一试吧！

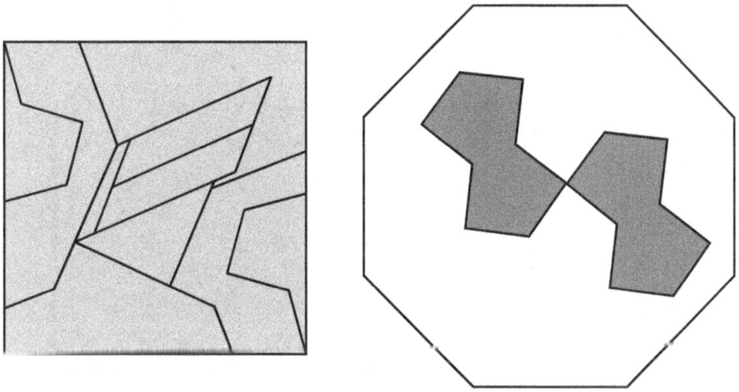

89. 趣味划数

请将这个数阵中的四个数划掉，使余下的数有这样的规律：每横行、竖列、对角线上的数之和相等。当然，你划掉的四个数之和也与它们相等。

你能很快将这些数划出来吗？

6	2	4	2
5	1	6	5
4	3	2	7
1	8	1	3

90. 分鱼

在一块“猫头”形状的线片上，画着五条鱼的图案。请你将这个图形划分为形状相同、大小相等的五块，每块上有一条完整的鱼哦。

试试看，这你能划分成功吗？

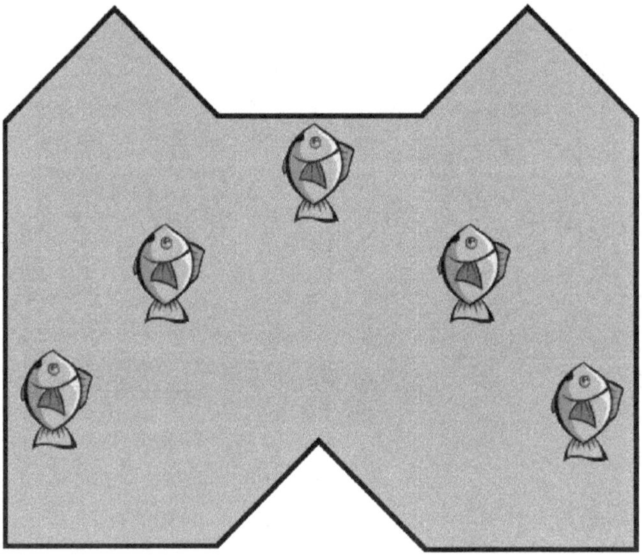

91. 趣味填数之1

请你用上数字0～9，组成五个两位数的偶数，使之与加减乘除一起拼合成得100、200、300、400、500、600的正确算式。

你能填出来吗？

□○×□○÷□○+□○-□○=100

□○×□○÷□○+□○-□○=200

□○×□○÷□○+□○-□○=300

□○×□○÷□○+□○-□○=400

□○×□○÷□○+□○-□○=500

□○×□○÷□○+□○-□○=600

92. 趣味填数之 2

请在下面的空格内，填入连续数字 2、3、4、5，使之成为相等的算式。

88×□＝□□□

你可能会根据估算或从个位上的数字考虑，很快找到答案：

88×4＝352

下面请你完成较难些的题目，请在 A 式中填入连续数字 1～8，B 式中填入连续数字 2～9，使它们分别成为相等的算式。

提示：三位的因数都是由奇数数字组成的，且十位上的数字都是 3，另外四格内分别填入 1、5、7、9。A 式积的个位上的数字为 8，B 式积的万位上的数字为 8。

A 88×□□□＝□□□□□

B 88×□□□＝□□□□□

?

1 2 3 4 5 6 7 8

2 3 4 5 6 7 8 9

93. 趣味填数之 3

下面的算式中，1、3、5、7、9 五个奇数数字倒序排列。请你将 2、4、6、8 顺次填入空格内，使之成为一道等式。

试试看，你行吗？

97□×5□×3□＝1□^{5}

94. 仍旧相等

这个数阵中，每横行、竖列、对角线上的数之和为 18。

请你去掉其中的四个数，使余下的每横行、竖列、对角线上的数之和相等。你能很快将这些数划出来吗？

7	5	2	4
3	2	6	7
7	7	3	1
1	4	7	6

95. 趣组算式

还记得小时候玩的摆数字卡片的游戏吧，几张数字卡片看似平常，通过摆弄，出现了一道道的算式。这里咱们再来玩一把。

这是一道极为奇特的算式，保准你会为它惊喜不已。

来看看这道算式：

6×84×99＝49896

看似平平常常的算式，如果你能够发现它们的积与因数中出现了4、6、8、9、9五个相同的数字，你只算完成了一半。好了，请你再记忆一下刚刚出现的五个数字。并用它们也填写出具有这一规律的等式。

试试看，你行吗？

□×□×□□□＝49968

□×□×□□□＝69984

五、趣味转化

96. 趣味转化

请你将左边的十二角环形图，按上面的线剪开，拼出右边实心的十二角形图。
提示：拼图时，所有元素只作平移而不得旋转或翻转使用。
你行吗？

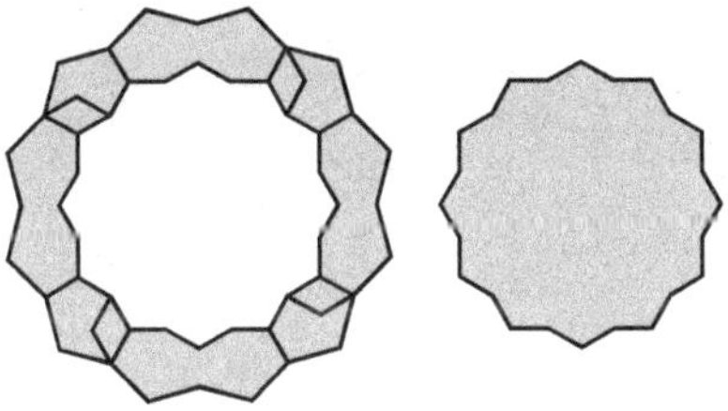

97. 三角星

请把 0～9 各数（部分数已填），填入小圆圈内，使每条直线相连的三个圆圈内的数之和都能够相等。

试试看，你能填出来吗？

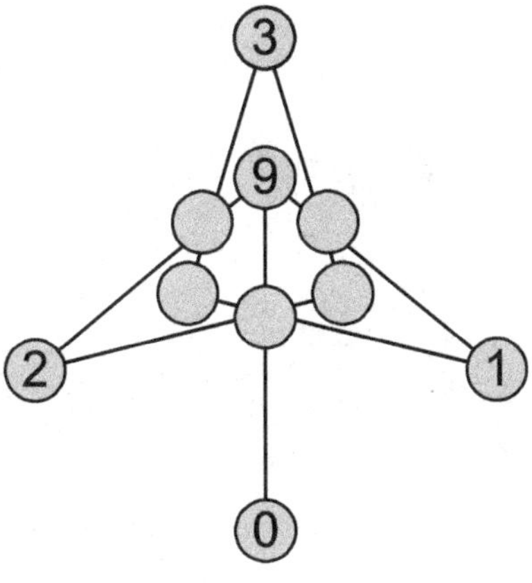

98. 三角填数之1

来看这样一个三角填数游戏：

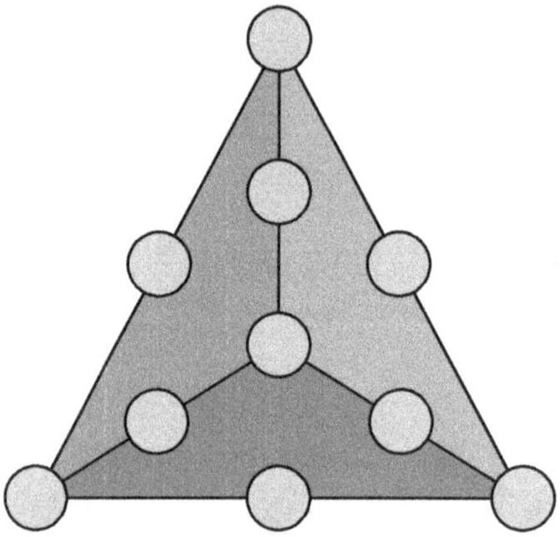

请在空格内填入0～9各一次，使每条线上的三个数之和恰好是7、8、9、10、11、12。

你会填吗?

99. 三角填数之2

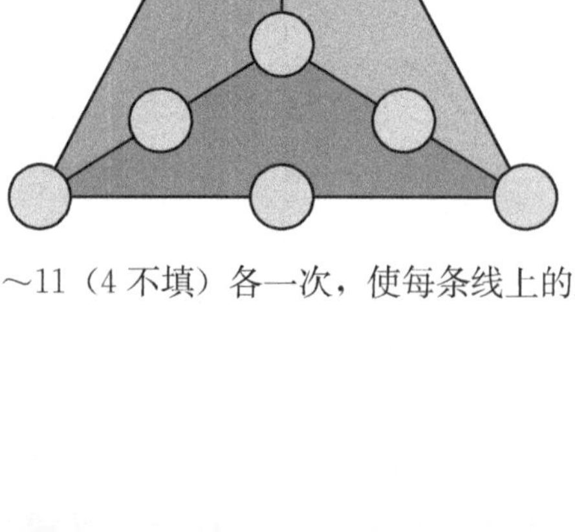

请在空格内填入1～11（4不填）各一次，使每条线上的三个数之和恰好是14。你来填填看。

100. 三角填数之 3

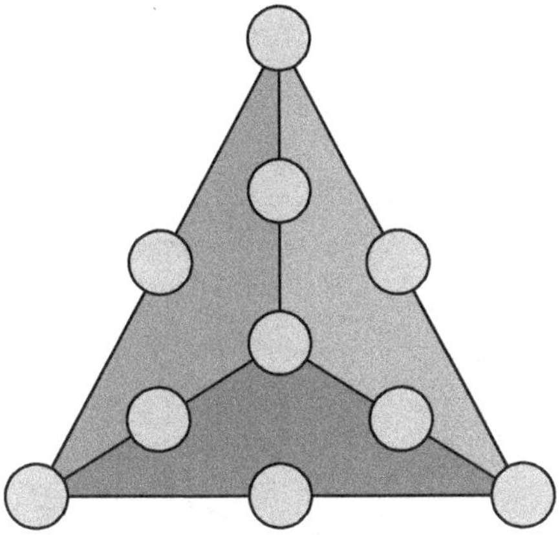

请在空格内填入 2～12（11 不填）各一次，使每条线上的三个数之和恰好是 18。

101. 三角填数之 4

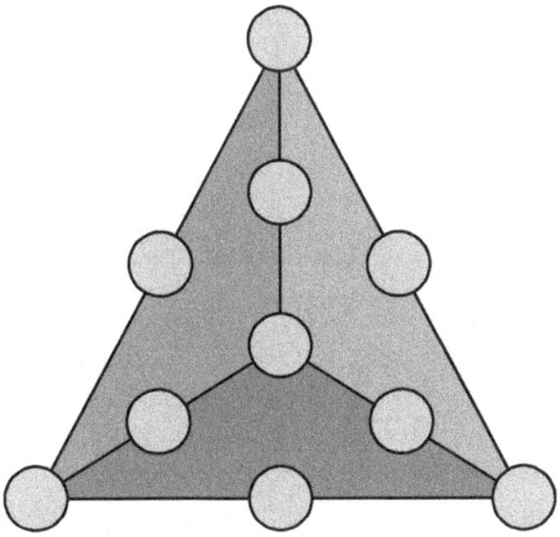

请在空格内填入 1～11（2 不填）各一次，使每条线上的三个数之和恰好是 21。

你来填一填。

102. 三角填数之5

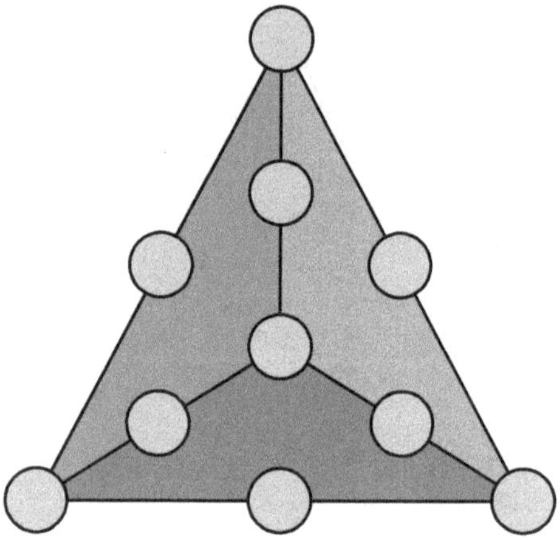

请在空格内填入0～9各一次，使每条线上的三个数之和恰好是8、9、10、11、12、13。

你行吗?

103. 三角拼板

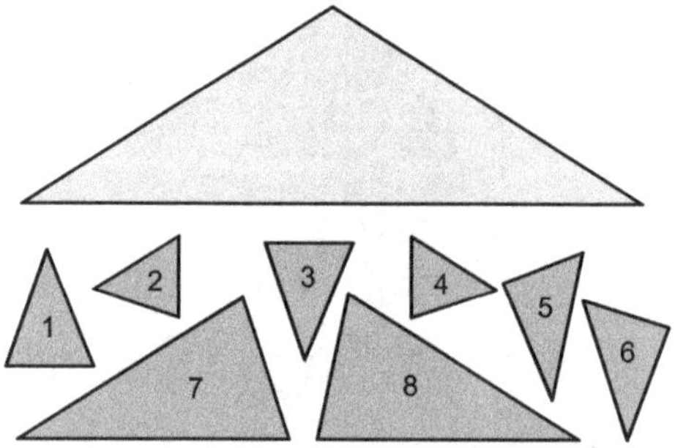

这里有八块锐角三角形拼板，想拼出上面大的钝角三角形。完成后要剩下其中的一块。请你目测一下，剩下这块的编号是几呢?

提示：拼图时只需要按原形状及位置平移，不得旋转或颠倒使用。

104. 三个数字

请在两道算式的空格内，分别填入 3、6、8 三个数字，使每道等式成立。试试看，你能填出来吗？你知道这两道算式有什么规律吗？

2□□74 × 1□95=40000230

2□□95 × 1□74=40000230

105. 三个数字

每道算式的空格内，都填入 5、7、9，使两道等式成立。试试看，你能完成吗？

5　7　9

32×□8÷16+□4−□0=100

32×□8÷16+□4−□0=200

106. 三五成群之 1

填运算符号是非常有趣的一种数学游戏，这里我们也来玩一个“三五成群”的添运算符号的游戏。

请在数字链“3355”中，添上运算符号，允许使用括号，使它们组成得数为 10、20、30、40、50、60、70 的等式。

例如：

得 90 的算式：

3×（35－5）＝90

（3＋3×5）×5＝90

3×3×（5＋5）＝90

请你试着找出更多的答案来，行吗？

3355＝10

3355＝20

3355＝30

3355＝40

3355＝50

3355＝60

3355＝70

107. 三五成群之2

这是一道非常奇特的算式，我们只知道空格内为相同的一个数字，你能很快写出这道奇妙的等式吗？

□35×53＝33□55

108. 三块拼方

你来复制一下这三个拼板，用它可以拼成一个正方形，当然，也可以用这三块拼出一个长方形。你来分别试试吧！

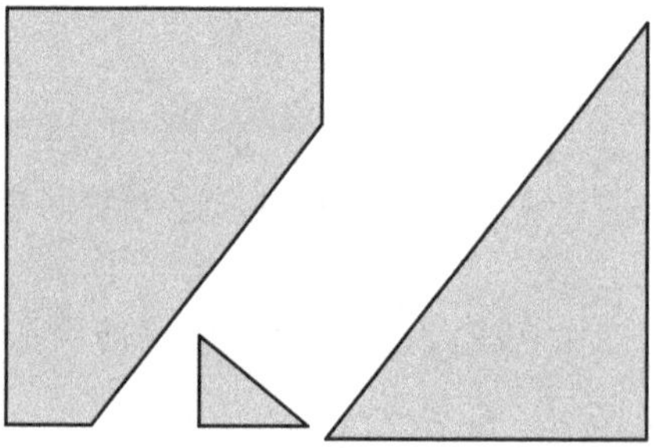

109. 神奇算式之 1

如果告诉你，下面的 4 道等式，原本都是由 0～9 十个数字组成的。你来猜猜看，算式中出现的“神奇”“算式”表示的两位数各是多少时，这些等式能够成立？

26×神奇÷算式+84=97

48×神奇÷算式+72=96

62×神奇÷算式+48=79

84×神奇÷算式+24=69

110. 神奇算式之 2

请你用 1、2、3、4 这 4 个数字，换下算式中的汉字，使之成为 4 道神奇的算式。

你行吗？

神奇 57×9=11313

算式 57×9=31113

神奇 59×9=11331

算式 59×9=31131

111. 神奇五环

这是一个用上 1～15 组成的五环数阵。每个圆环上的 4 个数之和都相等，得 27。这是这类数阵中 4 数之和最小的一种。你用倒着填的方式试试，也就是圆环内填 1 的你填 15，填 2 的你填 14，依次类推，看看它们形成的数阵是否也是每个圆环上 4 个数相等。

好了，来看下面这样填好的数阵：

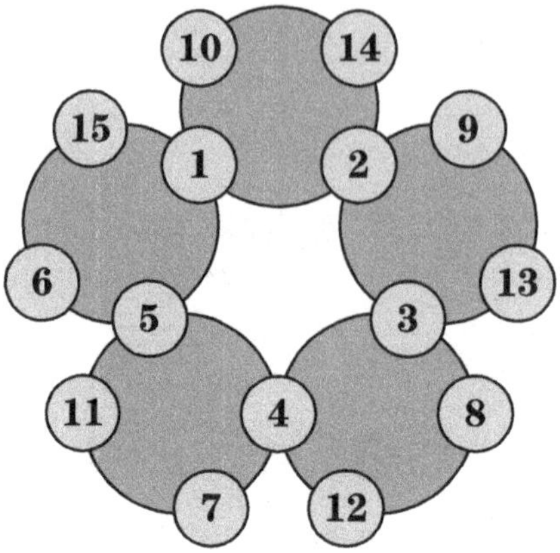

每个圆环上的 4 个数还是 27。

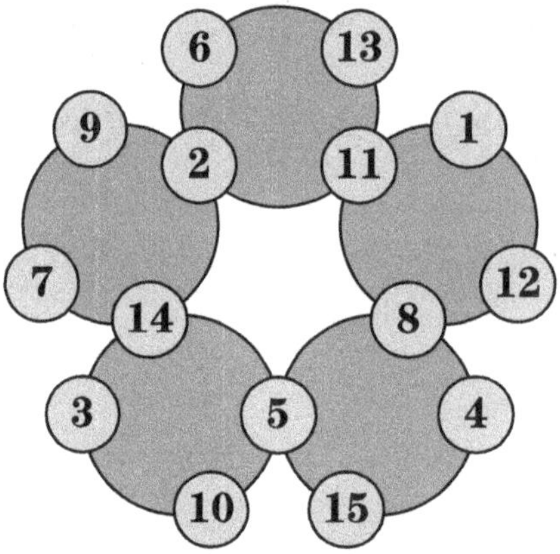

在这个数环的基础上，每个数各添一个指数 2，它们仍然保持每个圆环上 4 个平方数的和相等。

你能算出每个圆环上的 4 个平方数的和是多少吗？

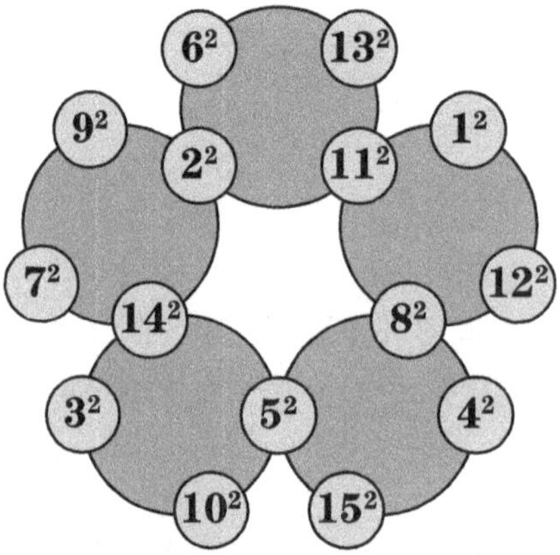

112. 圣诞礼物 1188

叮叮咚，叮叮咚，铃儿响叮咚。

圣诞节一大早，圣诞老人早已把礼物送给了千千万万个小朋友了。其中，一张卡片上写着这样一道题目：

请你用上 0～9 这十个数字，组成一道得数为 1188 的等式。

如果你能够填写出所有的答案来，你将获得一份神秘的大奖。

娜莎打电话向艾果艾老师求援。艾果艾老师说："是呀，靠凑数字法是可以填出一些答案，要想求出所有的算式，思考一定要有序。想想看，哪两个数字可以出现在百位上，它们的和要向千位上进 1。而十位与个位上的数字又要照顾得数。"

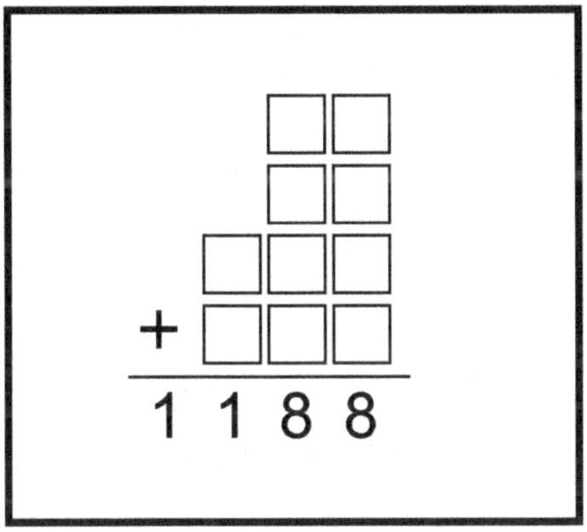

113. 神奇三环

这是一个用上 1、2、3、4、5、6、7、8、9 组成的三环数阵。每个圆环上的 4 个数之和都相等，对，都得 20。

有人说，这有什么稀奇？这样的数阵可以编出很多。

对，可以编出基本答案 18 种。

每个圆环上的 4 个数之和为 17 的有 2 种基本解。

每个圆环上的 4 个数之和为 19 的有 4 种基本解。

每个圆环上的 4 个数之和为 20 的有 6 种基本解。

每个圆环上的 4 个数之和为 21 的有 4 种基本解。

每个圆环上的 4 个数之和为 23 的有 2 种基本解。
通过旋转、镜像可以找到更多的形式。
那为什么说它神奇呢？你能猜出来吗？

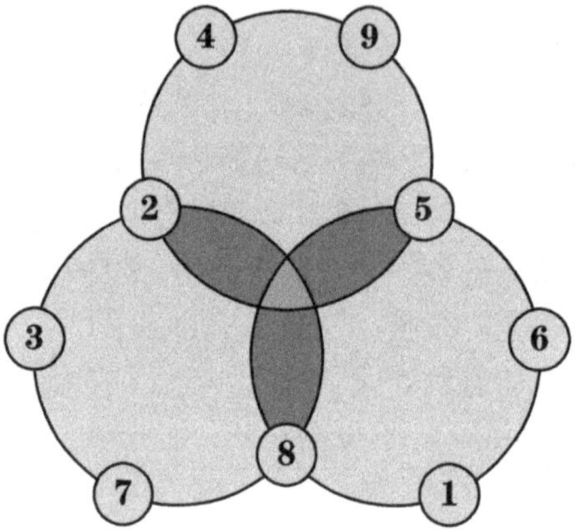

原来呀，你给每个数添上一个指数 2，使每个圆圈内的数变成一个平方数，它仍旧保持每个圆环上 4 个平方数的和相等，这就是非常神奇的了。

你来算算看，这可能吗？每个圆环上 4 个平方数的和是多少呢？

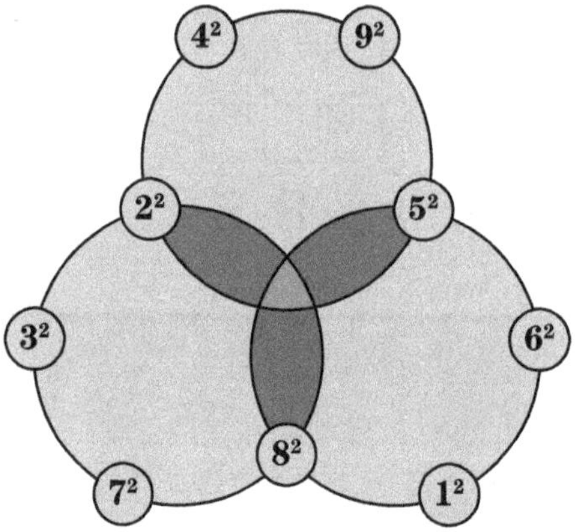

114. 神奇的填数

请在空格内填入适当的数字，使之成为相等的算式。
试试看，你能够找出多少不同的算式呢？

11×□□＋22×□□＋33×44＝2222

11×□□＋22×□□＋33×44＝3333

11×□□+22×□□+33×44=4444

例如，

11×10+22×30+33×44=2222

11×11+22×80+33×44=3333

11×74+22×99+33×44=4444

你能找出另外的填法来吗？

115. 神奇的八位数

——34 695 936

34 695 936 是一个神奇的八位数，之所以这样说，那是它在乘法算式中有着特殊的地位。

我们可以用上数字 1、2、3、4、5、6、7、8、9，分别组成四位数、三位数和两位数，使它们的乘积为“34 695 936”。例如：

5476 × 198 × 32 =34 695 936

看，有趣吧！

更为奇特的是，它还可以用一个数字及由该数字组成的数的乘积表示：

□ × □× □ × □ × □ × □□ × □□□ × □□□=34 695 936.

你知道这个数字是几吗？

六、神机妙算

116. 神机妙算

算式中的“妙”字表示几时，下面这些算式都能够成为等式？

$13^2=169$

1 妙 $3^2=$ 1 妙 6 妙 9

1 妙妙 $3^2=$ 1 妙妙 6 妙妙 9

1 妙妙妙 $3^2=$ 1 妙妙妙 6 妙妙妙 9

1 妙妙妙妙 $3^2=$ 1 妙妙妙妙 6 妙妙妙妙 9

$31^2=961$

3 妙 $1^2=$ 9 妙 6 妙 1

3 妙妙 $1^2=$ 9 妙妙 6 妙妙 1

3 妙妙妙 $1^2=$ 9 妙妙妙 6 妙妙妙 1

3 妙妙妙妙 $1^2=$ 9 妙妙妙妙 6 妙妙妙妙 1

117. 舍近求远

如果将一个正方形，剪成两个长方形（图 A），一刀就可完成，呵呵，这算不得智力题了。

如图 B 所示，如果说你能够将这个正方形剪成 5 块，拼成右边两个长方形的话，则需要动一番脑筋了。

你来试一试，行吗？

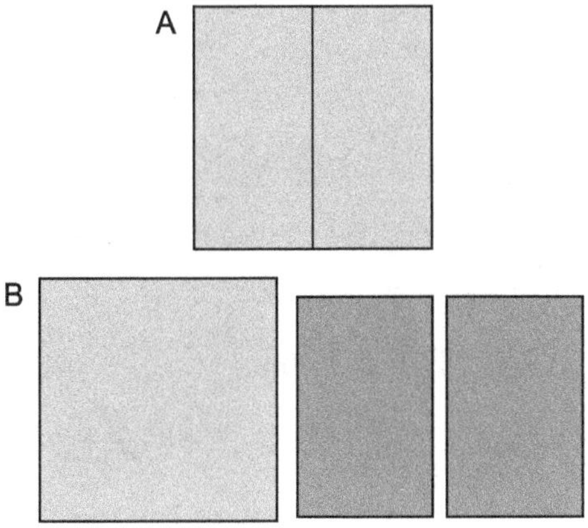

118. 十全算式

所说的十全算式，就是在一道算式中，出现且只出现数字 0～9 各一次。

括号里填入数字 1、2、3、4、6、7、8、9 各一次，得数为 50。

这样的等式成立吗？如果成立请写出答案，不成立，请说出理由。

□□□×□□÷□□□＝50

119. 实心变空心之 1

请将一个正十边形，按图划分为十个等腰三角形，用来拼出与原来大一倍的图形，并且拼出的图形中间要有一个与原来大小相同的空心正十边形。

试试看，你能用两种不同的拼法来完成吗？

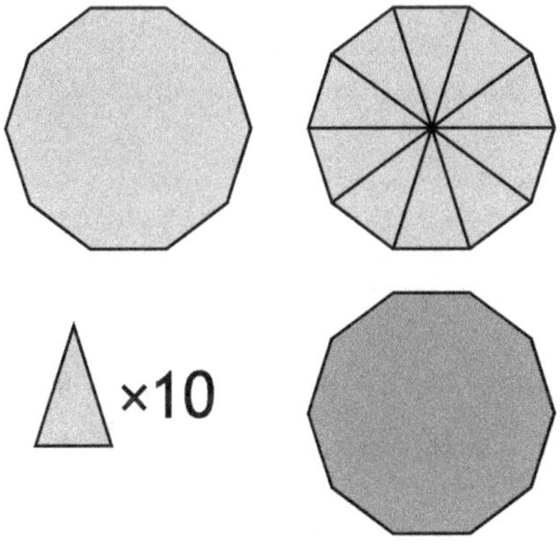

120. 实心变空心之 2

请将一个正十四边形，按图划分为十四个等腰三角形，用来拼出与原来大一倍的图形，并且拼出的图形中间要有一个与原来大小相同的空心正十四边形。

试试看，你能用两种不同的拼法来完成吗？

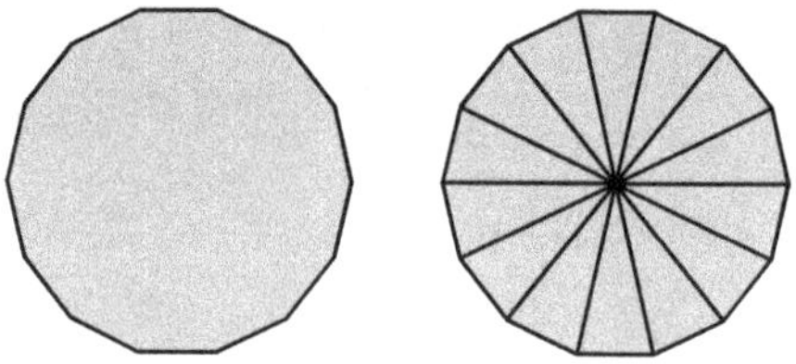

121. 试试 44

请在空格内填入 1、2、3、4、5、6、7、8 这八个数字，使之成为两道得 44 的算式。

提示：除数均为 4 的整倍数。

试试看，你能填出来吗？

□□□÷□=**44**

□□□÷□=**44**

122. 试试添 4

下面这两道算式，是使用相同的数字排列的，只是它们都不相等。据说，如果给算式中添入一个数字 4，两道算式都能够成立。

如何快速完成呢？

$$1\times867\div3+5=29$$

$$186\times7\div3-5=29$$

123. 暑假快乐

这是一个中间带有矩形方孔的矩形框纸片，上面有“暑假快乐”四个字。请你将它划分为大小相等、形状相同（或镜像）的四份，每块上要有一个完整的字。

试试看，你行吗？

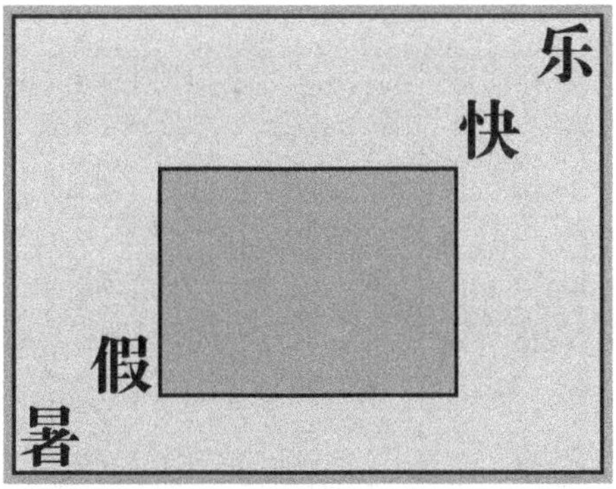

124. 十分有趣

这里有一张画有八束花图案的十字形纸片，请你将它划分成形状相同、大小相等的八块，并且每块上要有一个完整的一束花图案。

试一试，你能完成吗？

125. 十全十美

这里咱们用上汉字数字，玩一个类似数独的游戏。

请将适当的汉字数字分别填入空格，使每一横行、竖列十个数分别出现十个不同的汉字数字。

你能很快填出来吗？

一	二	三	五	四	六	七	八	九	十
六									七
七		五	六	三	十	一	二		九
八		九					一		六
九		二		六	八		三		五
十		八		二	七		六		一
二		六					十		四
三		一	七	十	四	五	九		八
五									三
四	五	十	八	一	九	三	七	六	二

126. 十全算式巧得 1

在一道算式中，出现且只出现数字 0～9 一次的算式，我们称之为十全十美算式。

下面以这种形为例，看看你能够填出几种不同的答案来呢?

(1) 请在空格内填入 2、3、4、6，使之分别成为一道十全十美算式。

□□0÷□□+75−89=1

□□0÷□□+75−89=1

(2) 请在空格内填入 2、3、4、6，使之分别成为一道十全十美算式。

□□0÷□□+59−78=1

□□0÷□□+59−78=1

(3) 请在空格内填入 3、4、5、6、8、9，使之分别成为一道十全十美算式。

□□0÷□□+□□−72=1

□□0÷□□+□□−72=1

(4) 请在空格内填入 2、3、4、5、6、8，使之分别成为一道十全十美算式。

□□0÷□□+□□−79=1

□□0÷□□+□□−79=1

(5) 请在空格内填入 2～9，使之分别成为一道十全十美算式。不得与上面的算式相重噢。

□□0÷□□+□□−□□=1

□□0÷□□+□□−□□=1

□□0÷□□+□□−□□=1

□□0÷□□+□□−□□=1

□□0÷□□+□□−□□=1

□□0÷□□+□□−□□=1

□□0÷□□+□□−□□=1

□□0÷□□+□□−□□=1

127. 十全算式游戏

每道算式内填入 1、3、4、5、6、8、9 各数，使每道等式成立。完成后，每道算式中不出现重复数字（即 0～9 各数出现一次）。

你行吗?

□□□+□□+□□=720

□□□−□□−□□=720

128. 十三连环

请在空格内填入 1、2、3、4、5、6、7、8、9、10、11、12 各数，使每条直线上的三个不同颜色的圆环内的数之和都相等，每种颜色的圆环上的十三个数之和也都能够相等。

你能很快填出来吗？

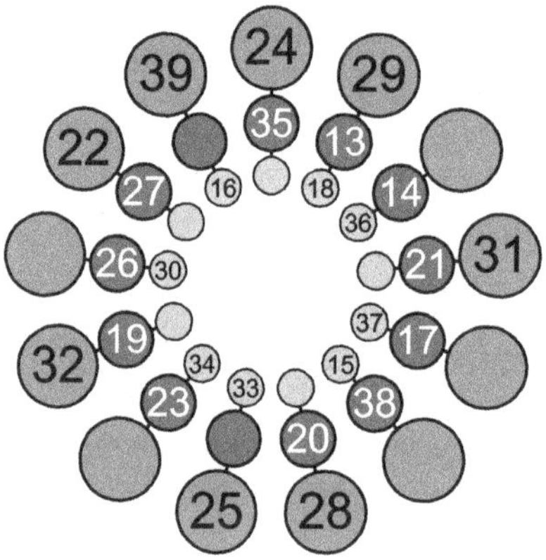

129. 十五连环

请在空格内填入 1、2、3、4、5、6、7、8、9、10、11、12、13、14 各数，使每条直线上的三个不同颜色的圆环内的数之和都相等，每种颜色的圆环上的十五个数之和都得 345。

你能很快填出来吗？

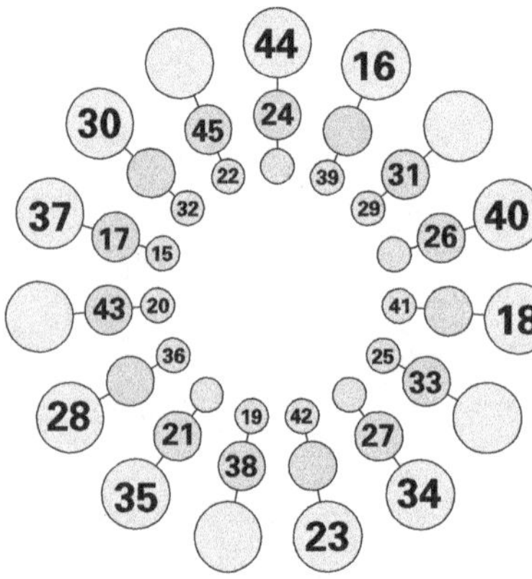

130. 十分有益

六年级的黑板报是学校一道很有特色的风景线。

他们这期黑板报上出现了这样一道题：

这个“十”字形纸片上有八个黑点。请你将这个纸片剪成形状相同、大小相等的八块，使每一块上有一个黑点。这八块可以旋转，但不得翻转或镜像。

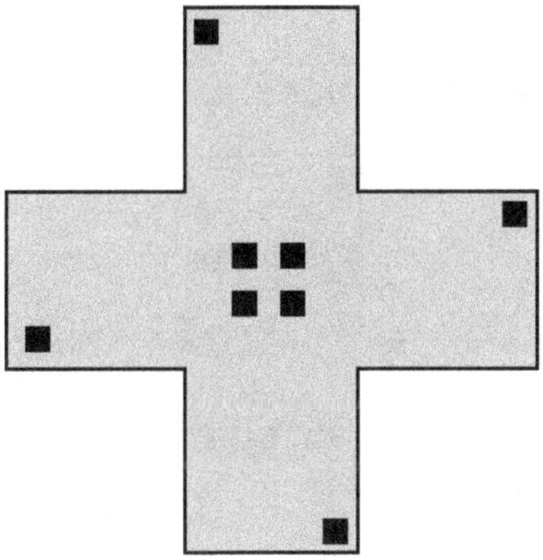

题目刚刚出来，六年级全年级的同学都围拢过来，都想第一个解答出这“每日一题”而获得一份小小的奖品。

不愧是学校数学兴趣小组的骨干力量，六年级的阿慧、阿辉、阮小七、阿毛纷纷拿来纸和笔，不停地画来画去。

黑板报上的题目是已退休的胡子教授，他现在是学校返聘的校外辅导员，专门出一些有趣的智力题，并由胡子教授自费为孩子们发奖品。胡子教授向大家摆摆手，示意让大家静一点：“同学们，不要挤，不要吵。今天出的是一道一题多解的题目，可能会有几个同学获得奖励。”

快嘴阿毛抢着道：“教授，这样的题目也有多种解法呀？真不敢相信。”

阿慧说：“据我观察，这中心的四个点，要用十字交叉分开。”

“对对对，我也考虑到了，”阮小七道，“但是一横一竖将它先画成四大块，看看每块是不是能再分成相等的两块……嗯，可能行不通”。说着将自己画出的十字线拿给阿慧他们看。

胡子教授边在一旁听取汇报，连连点头，胡子一动一动的很有意思。

阿辉思索了一阵，不紧不慢地说：“看来直线是解决不了问题的。”

急不可耐的阿毛又抢着说：“阿辉，说说你的想法。”

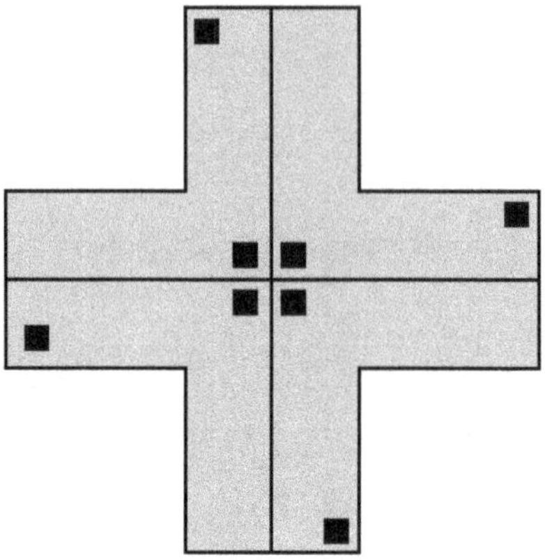

阿辉说："咱们可以让这个十字线拐个弯。"说着拿出了自己的初步方案：

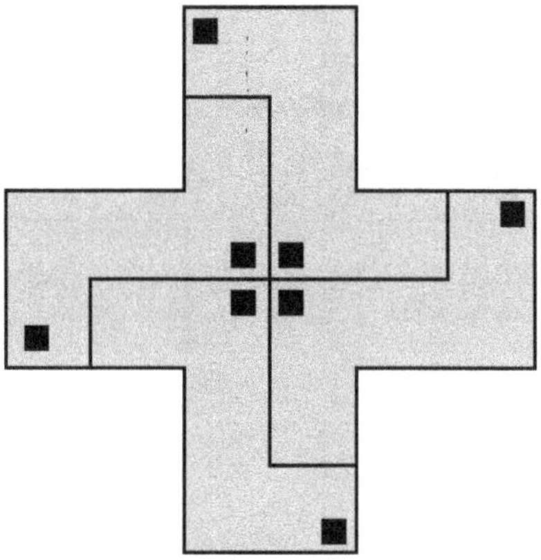

阿辉说："现在问题细化了，只需要将每个部分划分成两个相等的小块就可以了。"

"我知道了，我知道了。"阿毛兴奋地说，"借光借光，在大家的这个思路上，我迈出了一步，噹噹噹噹，见证奇迹的时刻到了！"

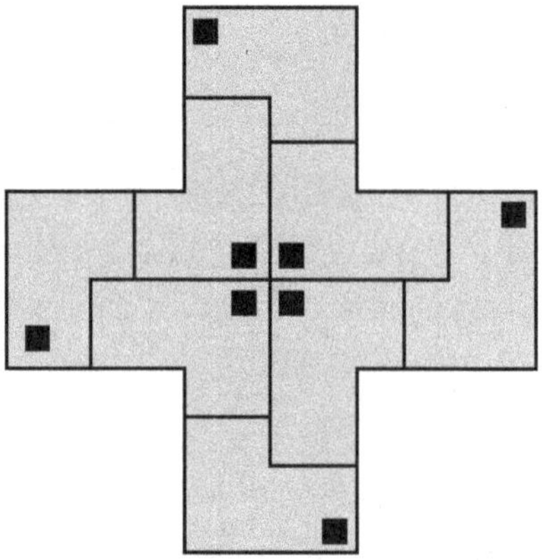

大家一阵掌声。

阿辉并没有抬头，他随后拿出了这样的答案：

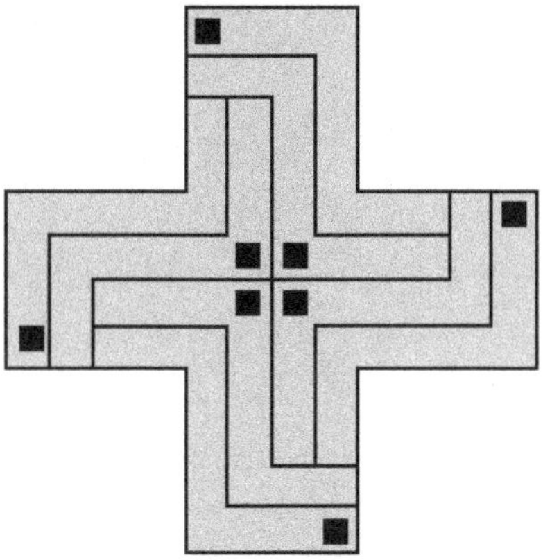

阿辉搓了搓手，略有所思："嗯，它的翻转图也是一种答案，来看！"

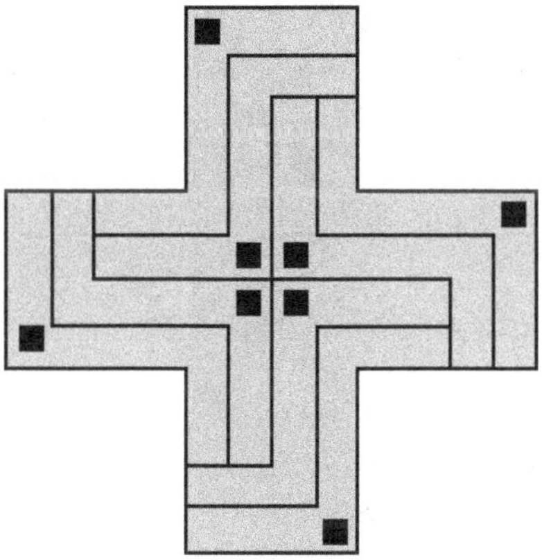

阿毛不服气了，"你翻转的成立，那我的翻转也成立！"说着亮出了新的答案：

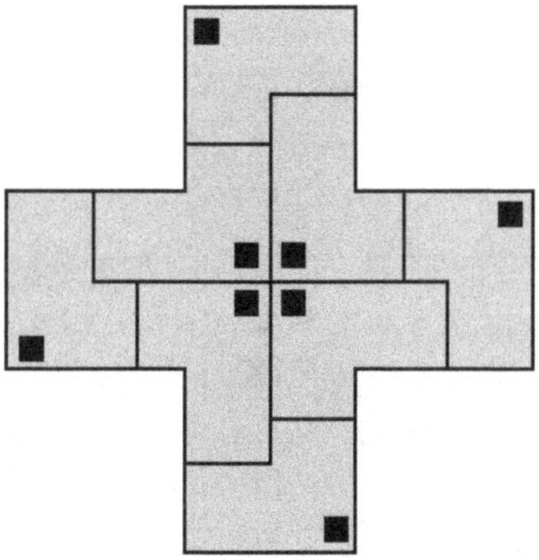

这时候，大家的思路在翻转图上打转转了，再没有新的突破。

阿辉和阿毛从胡子教授手里拿到了奖品——一副教授设计的智力扑克和一支签字笔。大家感觉到题目已被解开了，都没有兴趣再来思考。胡子教授来到黑板报前，乐呵呵地说："别走呀，孩子们，它的答案绝不会仅仅是这些，还会有呢！"

什么？大家不相信自己的耳朵。条件这样苛刻的题目，还要照顾这个还要照顾那个，难道还有答案不成？胡子教授好像看穿了大家的心思。让阿慧和阮小七说说自己的想法，"你们怎么看？"阿慧说："教授，我在思索一种翻转后不成立的独特的答案呢！"

"什么？不——可——能——"阿毛拖长腔调反驳道。

说着，阮小七拿出了自己的答案：

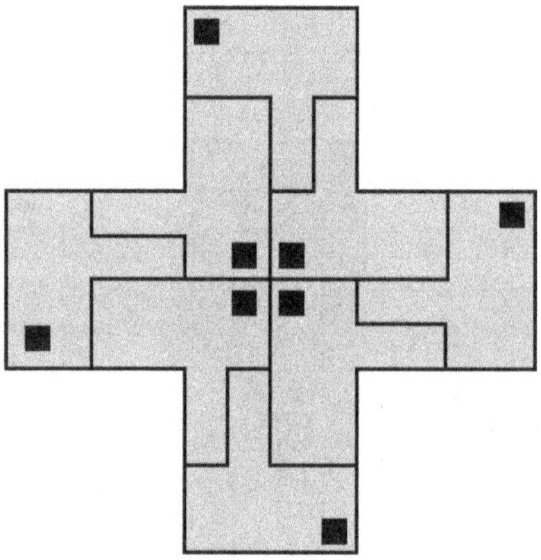

阿毛一看，哈哈大笑，"这个翻转图也成立！"说着亮出了答案，好像在向阿慧说："怎么样？这是规律，规律懂吗？"

阿慧说："别急别急，我一定找到你翻转不了的答案！"

阿辉又拿到了新答案：

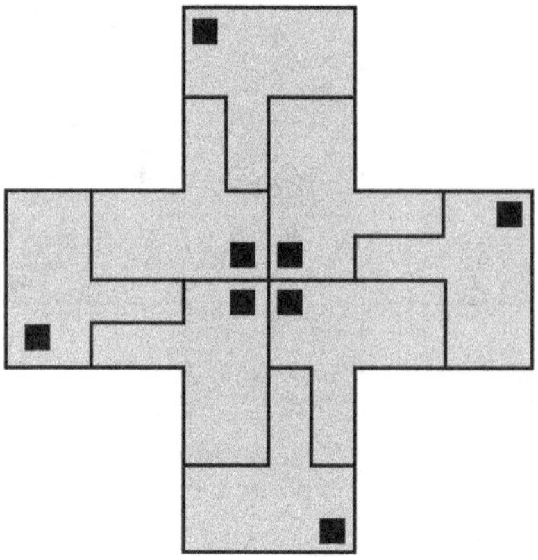

阿毛几乎笑得发狂了："翻转，成立！"

阮小七又找到一种新的答案，因为它的翻转图也是成立的，加上自己平日里跟阿慧的关系，又怕阿毛这急脾气起哄，刚才就因为阿毛感觉对不起阿慧，于是想将答案放起来。调皮的阿毛不但嘴快，眼还尖呢，一把抢过了小七的答案："看看，看看，这不能不说是一种规律！它的答案具有对称性！"

说着将小七的答案给曝了光：

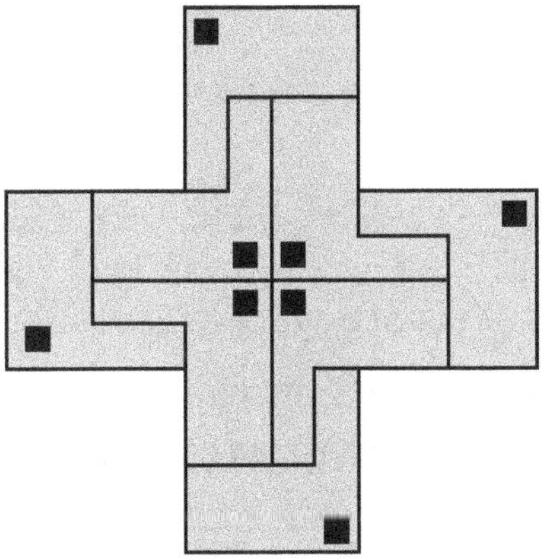

阿毛接着说："看好了，看好了，我来翻转一下！……耶，成立！"

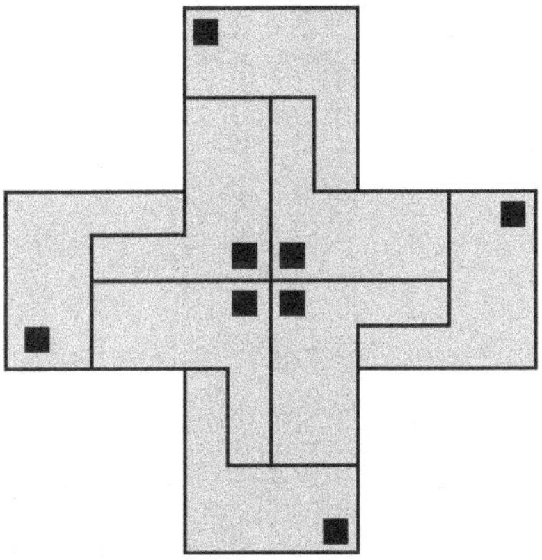

这时候，阿慧并没有受到阿毛的干扰，她终于找到了一种划分方案，任阿毛怎么翻转都不能成为新答案的方法。

阿毛一看，不好意思地吐了吐舌头，瞪了瞪眼："I 服了 YOU！"大家哄堂大笑，胡子教授也竖起了大拇指。看到胡子教授都这样做了，阿毛又来了句："教授，这题目是一绝，而大家的解答更是一绝，我……我……我和我的小伙伴都惊呆了！"

"哈哈哈哈……"大家被阿毛的滑稽样逗笑了……

想想看，阿慧的答案是什么样子的？你能试着找一找吗？

七、天才游戏

131. 数对趣排

在一个数列里，出现 1～8 各两次，知道 1 与 1 之间隔 1 个数字，2 与 2 之间隔 2 个数字，3 与 3 之间隔 3 个数字，……，8 与 8 之间隔 8 个数字。巧了，这样的答案有 300 种，试试看，你能填写出几种来？

132. 数独之 1

在空格中填入 1～6 的数字，使得最后每行、每列、每小宫格（粗线隔开的区域）都不出现重复的数字。

5				4	
		4			6
3		2			
			6		3
6			2		
	5				1

133. 数独之 2

在空格中填入 1～6 的数字，使得最后每行、每列、每小宫格（粗线隔开的区域）都不出现重复的数字。

					5
			2	4	
	6		1		
		1		2	
	5	4			
3					

134. 数独之 3

在空格中填入 1～9 的数字，使得最后每行、每列、每小宫格（粗线隔开的区域）都不出现重复的数字。

难度：中等。

1	2	3	4	5	6	7	8	9
3	8	4				2	5	1
9	5	1				6	3	7
6	7	2				4	9	8
			2	8	5			
			3	6	4			
			1	7	9			

135. 数的整除

这里来玩个有趣的连除游戏。

看一个例子：

42624÷4÷2÷6÷2÷4＝111

42624是一个左右都能回读的五位数，除以构成它本身的五个数字4、2、6、2、4，得数为111。清一色的数字1，这算式可是绝无仅有的呀。

下面的算式中，“数”“的”“整”“除”分别表示着1、3、5、7，你来算算，它们相等吗？

数6632÷数÷6÷6÷3÷2＝77

的3264÷的÷3÷2÷6÷4＝77

整1975÷整÷1÷9÷7÷5＝33

除7616÷除÷7÷6÷1÷6＝44

136. 数字网阵

在填数游戏中，幻方、幻环、数阵、数谜、数独各具特色，奇妙无比，因而吸引了很多人乐此不疲。

下面介绍一种奇特的数字网游戏，看看你是不是能揭开它的秘密。

请在空格内填入12、14、16三个数，使图中的每条直线上的三个数之和都得42。

数数看，这个数字网中，共有多少条三个数和为42的直线。

其实，这个游戏之所以迷人，并不是单单给出的这些个得42的三个数，其实它还有很多组得42的没有连线的三个数。你来找找看，还能找出哪些？

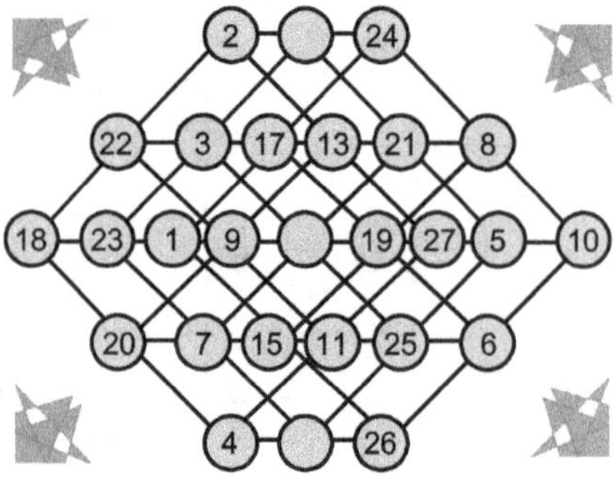

137. 数线段

（1）图中有 8 个圆点，我们把它们这样连接起来。数数看，以圆点为端点的线段共有多少条？

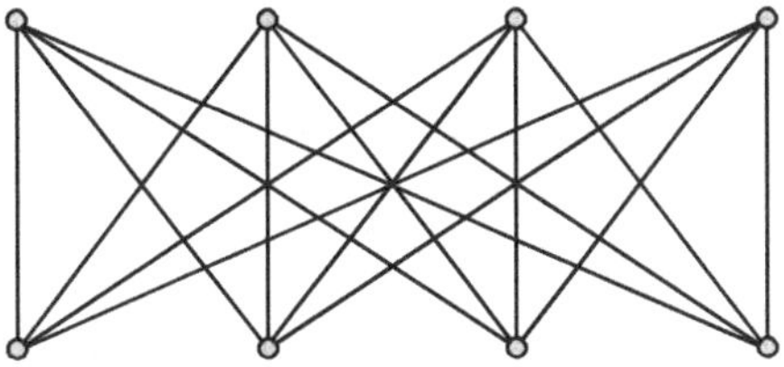

（2）图中有 10 个圆点，把它们这样连接起来。以圆点为端点的线段共有多少条？

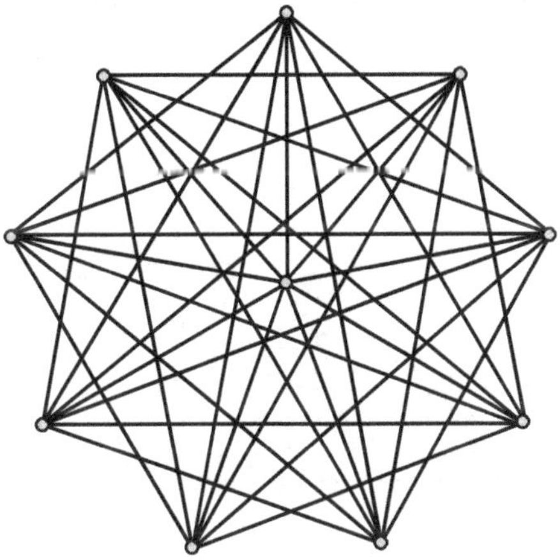

138. 数三角形

这颗钻石图中，共有多少个三角形？你来数数看。

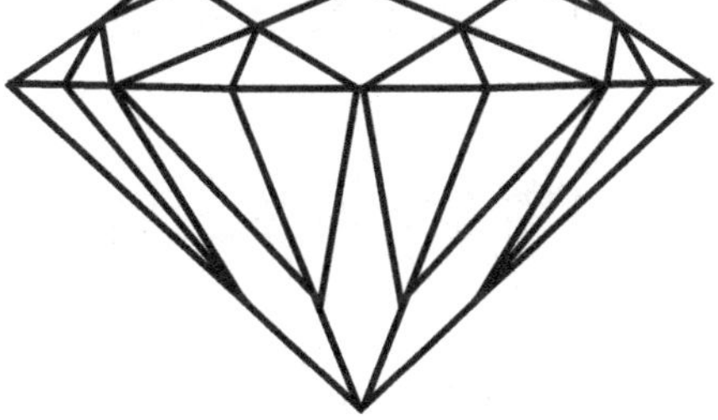

139. 数毛毛虫

小朋友们在跳《毛毛虫》舞蹈：
我的样子有点奇怪，
浑身上下长满小毛，
我是一只小小的毛虫，
不要被我样子吓坏，
我会变成美丽蝴蝶。
……

休息的时候，刘老师拿给大家一张很像三角形的又类似于迷宫样的图。阿毛不解地问："老师，是让我们走迷宫吗？"老师笑笑摇摇头，神秘地说："这个毛毛虫摆成了一个奇怪的三角形阵。它们没有重叠的，也没有空隙，你能数出这个阵中有多少条毛毛虫吗？"

试一试，你能很快数出来吗？

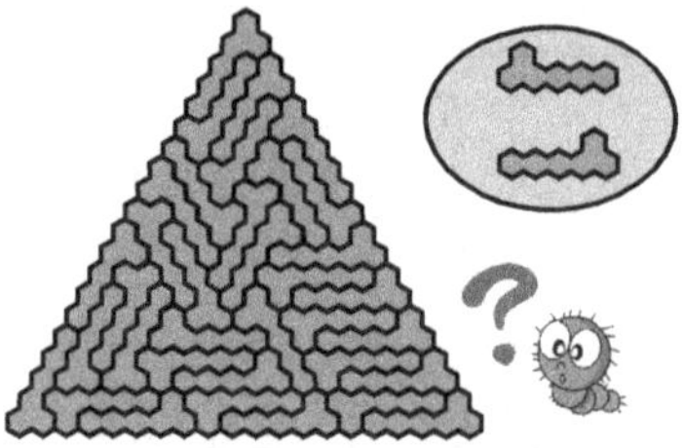

140. 填数求 A

$$1\square\square \div 2 = A$$

$$3\square\square \div 4 = A$$

$$5\square\square \div 6 = A$$

$$7\square\square \div 8 = A$$

请将 12、34、56、78 四个两位数，分别填入算式的空格中，使 4 道算式的得数都相等。

你知道算式中 A 表示的数是几吗?

1□□÷2=A

3□□÷4=A

5□□÷6=A

7□□÷8=A

141. 特殊算式

用上 0～9 十个数字组成的加法算式，你一定见过不少。

如：

589+437=1026

629+874=1503

673+425=1098

725+364=1089

749+286=1035

759+843=1602

784+269=1053

826+479=1305

……

20+46+78+9=153

20+46+79+8=153

20+48+76+9=153

20+48+79+6=153

98+75+40+3=216

……

10+24+5+7+8+9=63

10+24+5+7+9+8=63

10+24+5+8+7+9=63

10+24+5+8+9+7=63

……

下面这种形式的算式，你可能没有见到过。它们也是由 0～9 十个数字组成的。

想想看，算式中的部分数字已填好了，请你将每道算式中没有填上的数字填上，使它们成为等式。我知道，有一道算式，你是填不出来的，那么，你可以将给出的百位上的数字放在十位上，它就可以填出来了。

试试看，你知道哪道是填不出来的算式吗？

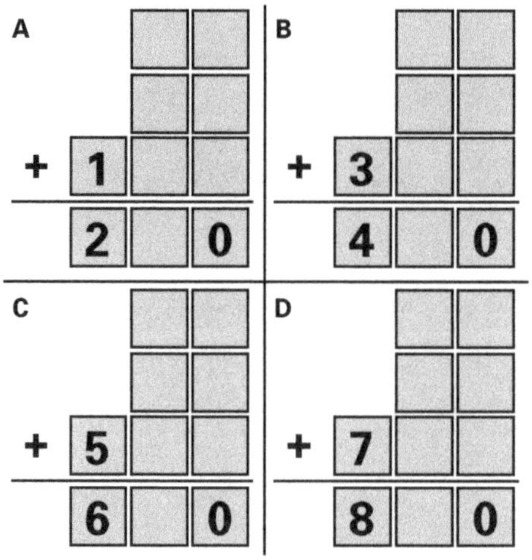

142. 填数奇招

这是一道很有趣的智力题。空格内填入适当的数，这些算式都能够成为等式。

想想看，你有奇妙的方法，快速完成吗？

空格内限定不能单独使用数0，如21×0＋22×1001＋23×0＝2222是不算的。

21×21+22×20+23×10＝1111
21×□+22×□+23×□＝2222
21×□+22×□+23×□＝3333
21×□+22×□+23×□＝4444
21×□+22×□+23×□＝5555
21×□+22×□+23×□＝6666
21×□+22×□+23×□＝7777
21×□+22×□+23×□＝8888
21×□+22×□+23×□＝9999

看似无从下手的题目，一旦通过你的观察和分析，找到了突破口，问题便会迎刃而解。

如果说你对所学的乘法分配律很熟悉的话，此题便难不倒你了。

填填看吧！

143. 四面体与八面体

请看这个四面体，它们的顶点上标上了 1、2、3、4，有趣的是它的四个面上的数之和，恰好是连续自然数 6、7、8、9。

1＋2＋3＝6

1＋2＋4＝7

1＋3＋4＝8

2＋3＋4＝9

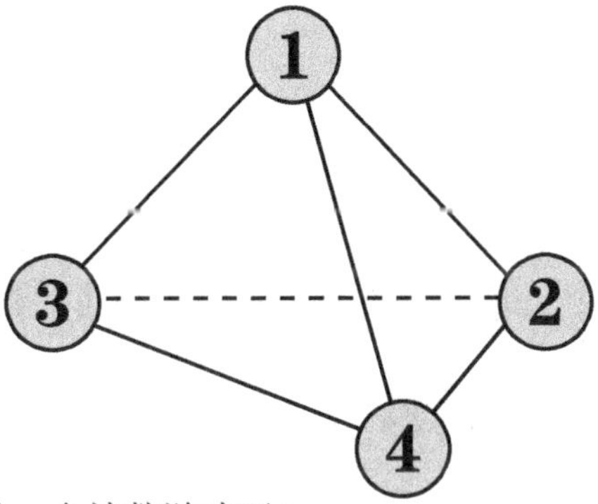

你有把握完成这样一个填数游戏吗？

下面是个类似的八面体，六个顶点填上 1～6（1、2 已填）各数，使它们的八个面上的数之和分别是 7～14 八个连续的自然数。

试试看，你能顺利完成吗？

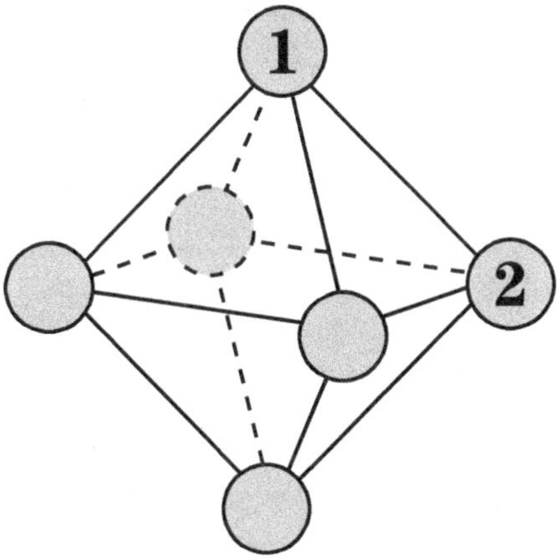

144. 添符号

在数字链“13825”中，添上适当的运算符号和括号，使得数为100的整倍数。

得100的有四种不同的添法，得200有三种不同的方法。如：

13＋82＋5＝100

1＋3×（8＋25）＝100

(1＋38÷2）×5＝100

(1＋3＋8×2）×5＝100

(1×38＋2）×5＝200

(1＋3）×（8＋2）×5＝200

1×（38＋2）×5＝200

得300、400、600、700、800的算式分别只有一种，你能够很快找出来吗？

13825=300
13825=400
13825=600
13825=700
13825=800

145. 马踏连营

下面就是一个著名的马步幻方，你能从“1”的位置，按照“马走日字”的要求，顺利走到“64”的那个位置吗？如果能够快速找到这些数，你就熟悉了中国象棋“马”的走法了。

你能算出每横行、竖列上八个数之和吗？

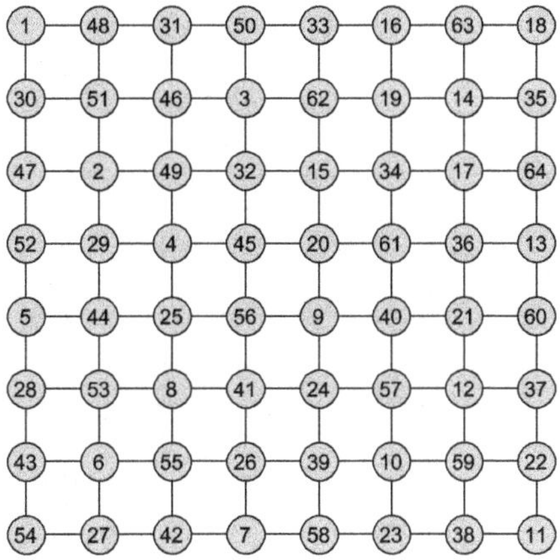

146. 马踏十字

熟悉“马”的走法后咱们来玩个马踏十字的游戏，你能从“1”的位置，按照“马走日字”的要求，顺利走到“12”的那个位置吗?

如果让你编排出一个马踏十字，你能办到吗?

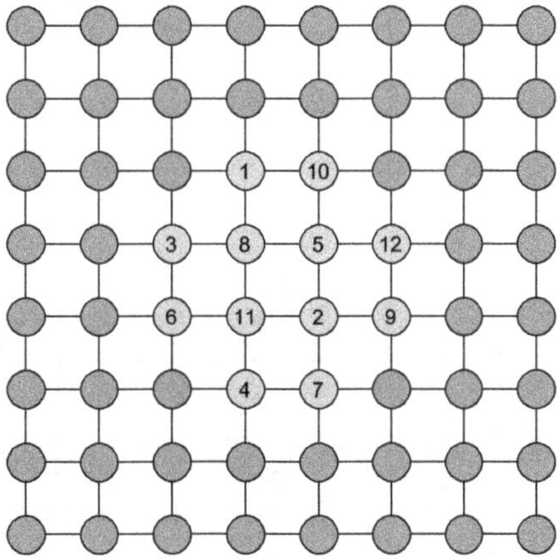

147. 日复一日

这里有两个极像“日”字的数阵。

熟悉“马”的走法后再玩个跳马的游戏，你能从“1”的位置，按照“马走日字”的要求，顺利走到“16”的那个位置吗？没有圆圈的位置上是不能放棋子的噢。

试试看，你行吗？

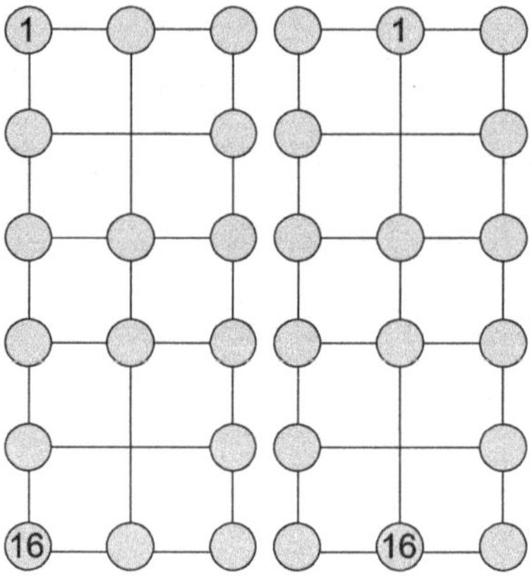

148. 六六大顺

这是一个极为奇特的填数游戏，其乐趣远远大于数独。

请将 1～32（部分数已填）中的数，分别填入空格内，使图中用线圈起来的 4 个区域内的数之和都得 66，当然，每列 4 格内的数之和也都是 66。

试试看，你能填出来吗？

限时：60 分钟。

9	20	32	15	21	23	4	8
2	11	14	12	10	24	31	28

149. 面面俱到

请将 1、2、3、4、5、6、7，分别换填入空格内，使之每条直线上的 4 个数之和都得 34，更有趣的是，三个小立方体的每个面上的 4 个数之和都得 34。

请你快速地将缺失的数填上。你行吗?

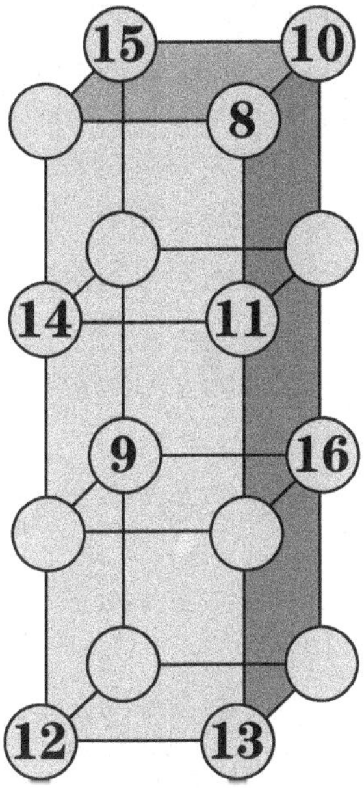

150. 另一种答案

妈妈给小佳出了这样一道题：在 1234567 中，添入两个除号和四个乘号，使它们组成一道等于 35 的算式。

1234567＝35

妈妈的话音刚落，佳佳就动笔算了起来。虽然妈妈说了用哪几个运算符号，但要巧妙地将这些运算符号安排进算式，还真的不是那么简单的事。她自言自语：“两个除号、四个乘号，七个数字只有六个空，也就是说算式中的数都是一位数。”她转过身来问妈妈：“妈妈，算式中出现括号吗?”妈妈笑着说：“孩子，你忘了吗? 上次我说过，运算符号不包括括号的，括号属于关系符号。这道题中明确了要填的符号及它们的个数，括号是派不上用场的。”

听了妈妈的解释，佳佳自信地点点头。功夫不负有心人。佳佳果然答了出来——

$1\times2\div3\div4\times5\times6\times7=35$

妈妈看了，点了点头。然后她接下来说：“孩子，数学这种东西真的挺神奇的。当你认为它无路可走时，它也许真的就没有什么办法了。如果说你的思维打通了，可不可以乘胜追击，再找出一种不同的答案来呢?”“怎么?

这样的题目还会出现第二种答案吗?”佳佳不解地问。妈妈点点头说:“数学讲究的就是一种严谨。一题多解就是小学里让孩子们培养良好思维品质的,你可以来试一试呀!”佳佳有了刚才解题的经验,想着只需要让数字 1、2、3、4 与数字 6 抵消掉,5 乘以 7 当然就会得 35 的。不大一会儿,她又找到了另外一种答案。

你来试试看,能够找出另外一个答案吗?

151. 六边形填数

请把 1～18(部分数已填)各数,分别填入这六边形的圆圈内,使每条边上的四个数与中间的数相符合。

试试看,你能分别填出来吗?

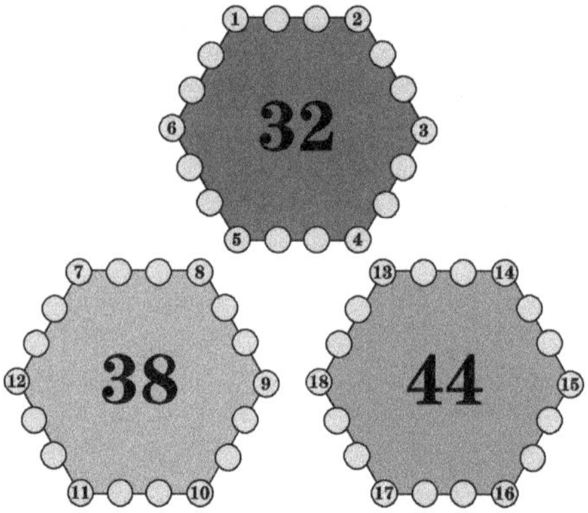

152. 六个数字

小老鼠灰灰特别爱吃花生,看到数字“8”都能够联想到花生。

一天,小猴灵灵出了道算术题,要求灰灰在空格内填入数字 1、2、3、4、5、6,使等式成立。如果能够写出所有的答案,灵灵便奖励灰灰一堆花生。

大家看到灰灰只想奖品而没心做题的样子十分可笑。

想想看,你能填写出所有符合要求的等式吗?

□□+□□-□□=78

153. 田填数独之 1

请在空格内填入数字，使每个粗线围绕的九宫格及每行、列均出现 1、2、3、4、5、6、7、8、9，更有趣的是，每一个黄色的九宫格内也不出现重复的数噢。

1	2	3	4	5	6	7	8	9
7				3				5
4				1				2
9				8				6
8	5	6	1	7	4	9	2	3
3				9				1
5				2				7
6				4				8
2	8	7	9	6	3	1	5	4

154. 田填数独之 2

请在空格内填入数字，使每个粗线围绕的九宫格及每行、列均出现 1、2、3、4、5、6、7、8、9，更有趣的是，每一个黄色的九宫格内也不出现重复的数噢。

8	6	5	3	9	1	7	2	4
1				7				5
9				6				3
4			1	2	3			8
7	1	8	4	5	6	3	9	2
2			7	8	9			6
3				1				7
5				4				9
6	2	7	9	3	5	4	8	1

155. 田填数独之3

图中有四个涂有颜色的九宫格，每个九宫格内均出现九个不同数。

请在空格内填入数字，使每个粗线围起的九宫格及每行、列均出现 1、2、3、4、5、6、7、8、9。

	1	2	3		8	5	6	
	4	5	6		7	1	9	
	7	8	9		4	3	2	
	6	4	1		3	8	5	
	5	7	8		9	2	1	
	9	3	2		6	4	7	

156. 涂色游戏之1

这是由 48 个小正方形组成的图形。请你用红、黄、蓝三种颜色将其余小正方形涂上色，要求涂出与图中给出的示例相同。

你能行吗？

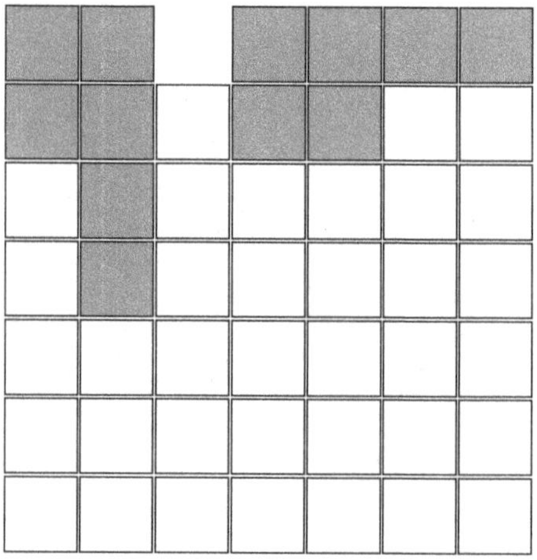

157. 涂色游戏之 2

将一个大的等边三角形，划分为 13 个不等的图形，可以拼出三角形、正方形、五边形和六边形。现在请你根据拼出的图形，将相应的颜色填入三角形内。

试一试，你能找出相应的位置吗?

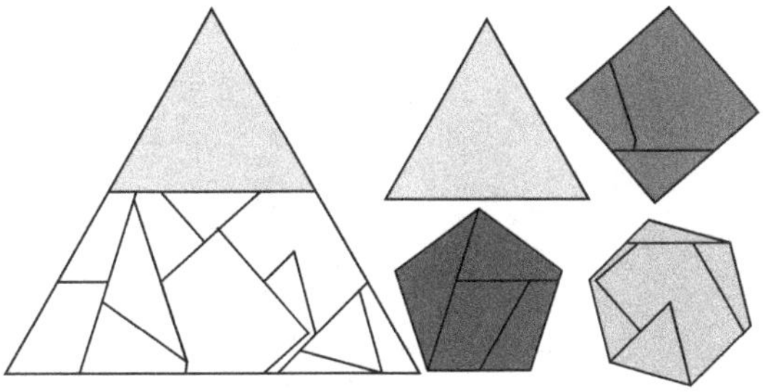

158. 五环数阵

这是一个由 1～10 组成的一个五环相连图，请在空格内填上数，使每个圆环上的三个数之和都得 19。

你知道怎么填吗?

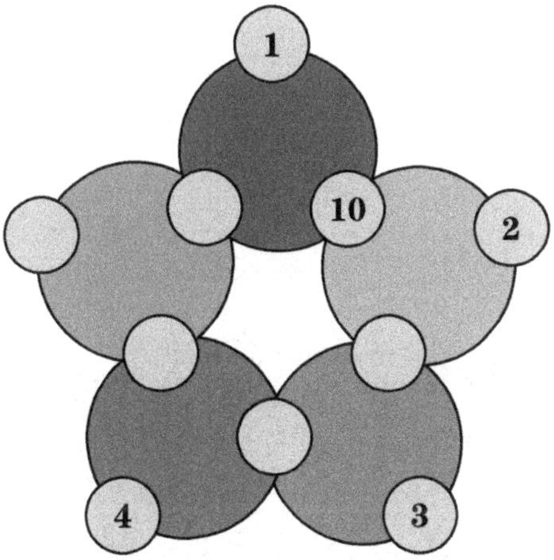

159. 五环填数

请在每个小圆圈内填入 2、3、4、5，使每个大圆环上的三个数之和都得 14。你能很快填出来吗？

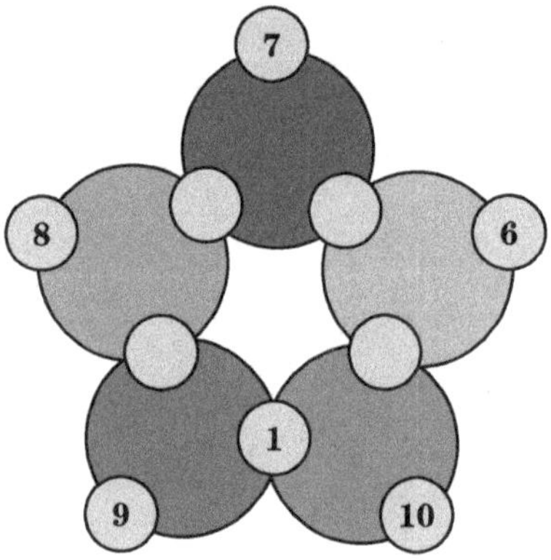

160. 五边形填数

请在圆圈内填入 1～10 各数，使每条直线（共 5 条）上的 5 个数，五边形（共 5 个）顶点上的 5 个数之和都得 65。

你能很快填出来吗？

提示：18 上面的空格内填 10。

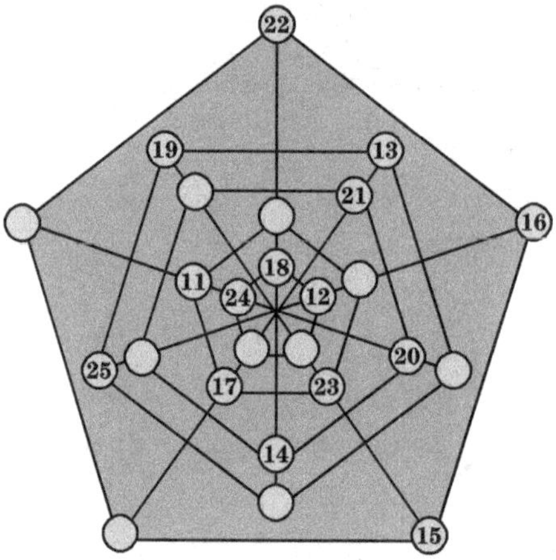

161. 五环趣排

有这样一种游戏——幻环，它将数与形巧妙结为一体，使数与圆环十分巧妙地配合起来，让人品味出数学的奇妙之美、和谐之美。

例如，在五个圆环交叉处的十五个位置上，填入连续自然数 1～15，使每个圆环上的数之和都能够相等。

下面是和为 38～43 的六种不同的趣味排列。

想想看，你能排列出一种和为 44 的趣味幻环吗？

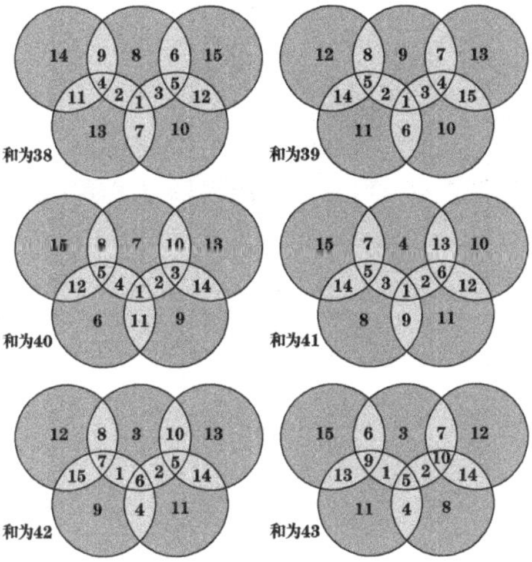

162. 五彩斑斓

懂得色彩知识的朋友一定知道，红、黄、蓝是三原色。用这三种颜色可以调出除黑、白、紫罗兰外的所有颜色。最基本的就是红＋黄＝橙，红＋蓝＝紫，黄＋蓝＝绿，然后你再用调出来的紫、橙、绿，再互相调，又能调出其他颜色。

下面算式中，“红黄蓝白黑”各表示一个不同的数字，它们构成的五位数恰好都是完全平方数。

你知道它们各代表几吗？

128^2＝ 红黄蓝白黑

178^2＝ 蓝红黄白黑

191^2＝ 蓝黄黑白红

196^2＝ 蓝白黑红黄

$209^2=$ 黑蓝黄白红

163. 五朵鸡冠花

请你观察一下图中的这个长方形，上面有五朵美丽的鸡冠花。问题来了，请你想办法将这个长方形剪成大小相等、形状相同的五个小长方形，使每个小长方形上各有一朵鸡冠花。

试试看，你能完成吗？

八、五星填数

164. 五角星填数之 1

请在空格内填入适当的数，使每条线上的 4 个数之和都得 24。你会填吗？

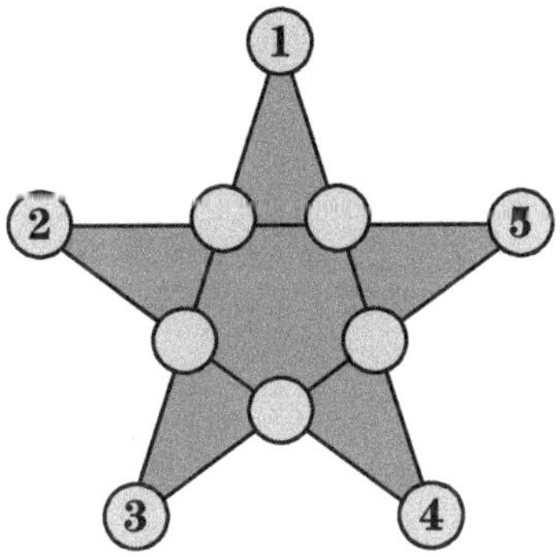

165. 五角星填数之 2

请在空格内填入适当的数，使每条线上的 4 个数之和都得 24。你会填吗？

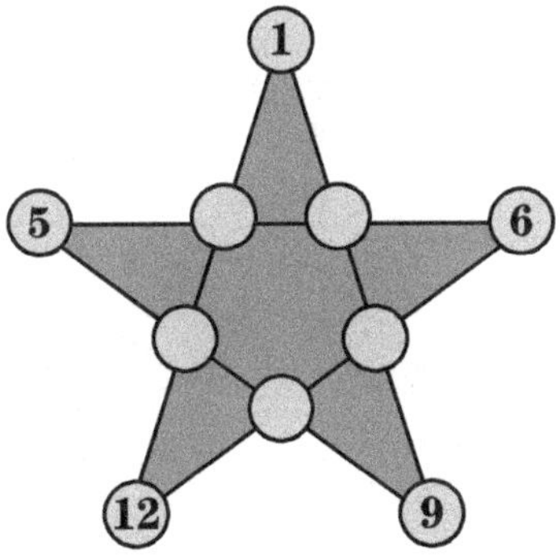

166. 五角星填数之3

请在空格内填入适当的数，使每条线上的4个数之和都得24。你会填吗？

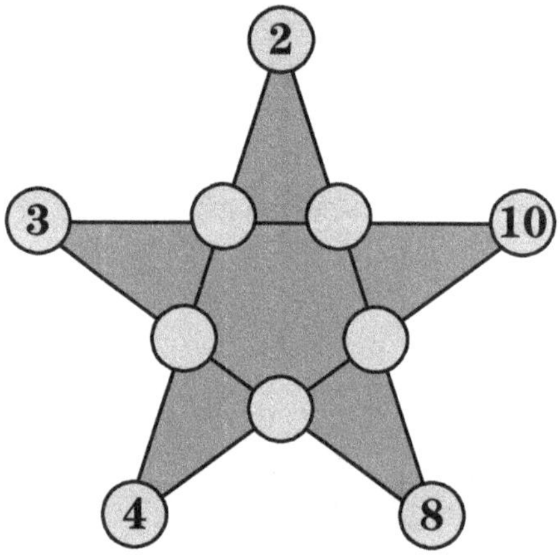

167. 五角星填数之4

请在空格内填入适当的数，使每条线上的4个数之和都得24。你会填吗？

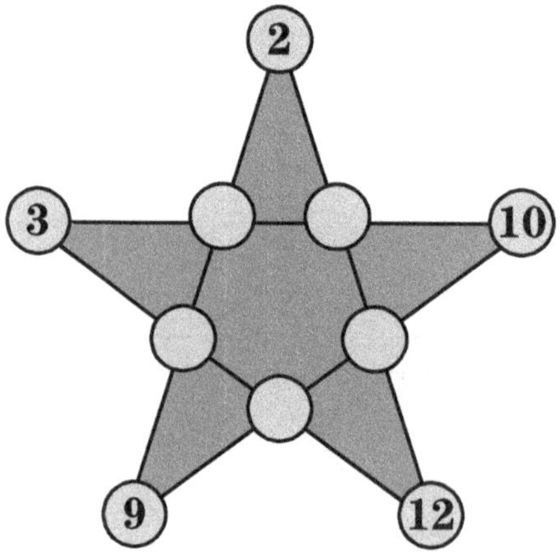

168. 五角星填数之 5

请在空格内填入适当的数，使每条线上的 4 个数之和都得 24。你会填吗？

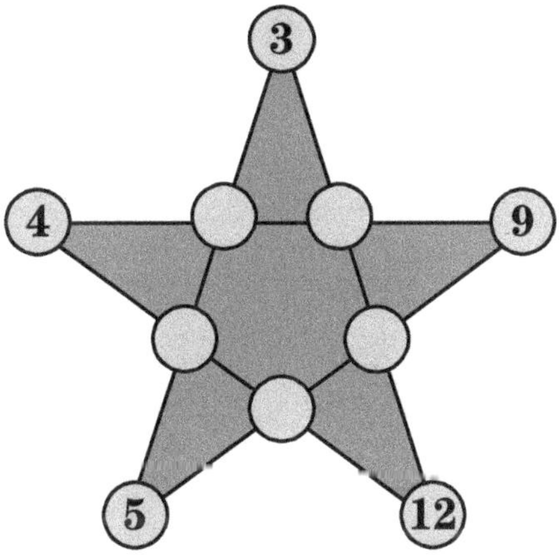

169. 五角星填数之 6

请在空格内填入适当的数，使每条线上的 4 个数之和都得 24。你会填吗？

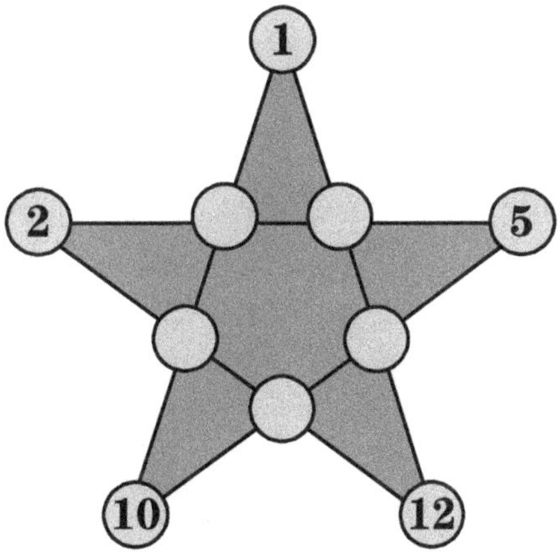

170. 五角星填数之7

请在空格内填入适当的数，使每条线上的 4 个数之和都得 24。你会填吗？

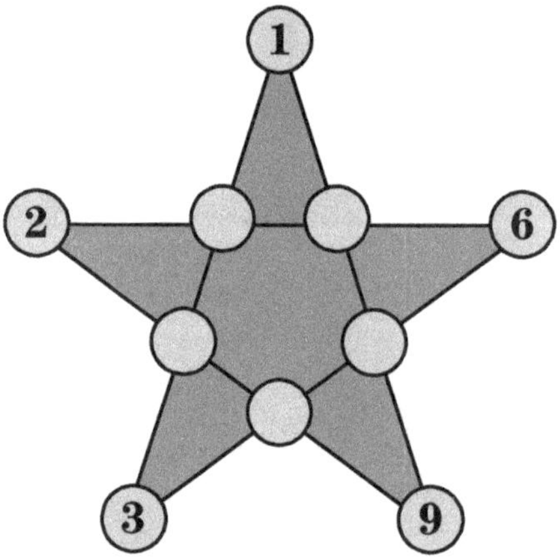

171. 五角星填数之8

请在空格内填入适当的数，使每条线上的 4 个数之和都得 24。你会填吗？

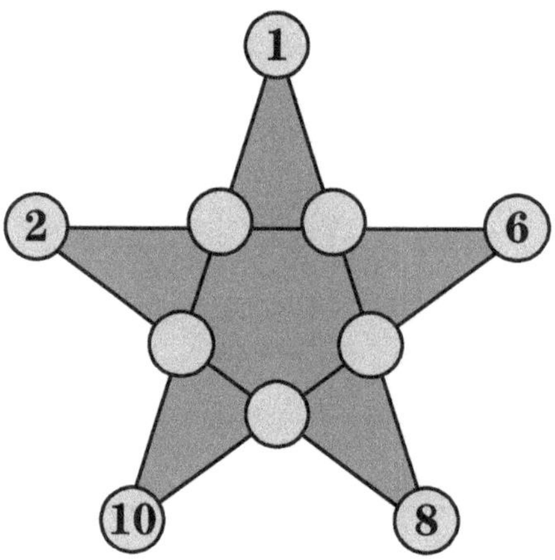

172. 五角星填数之 9

请在空格内填入适当的数，使每条线上的 4 个数之和都得 24。你会填吗？

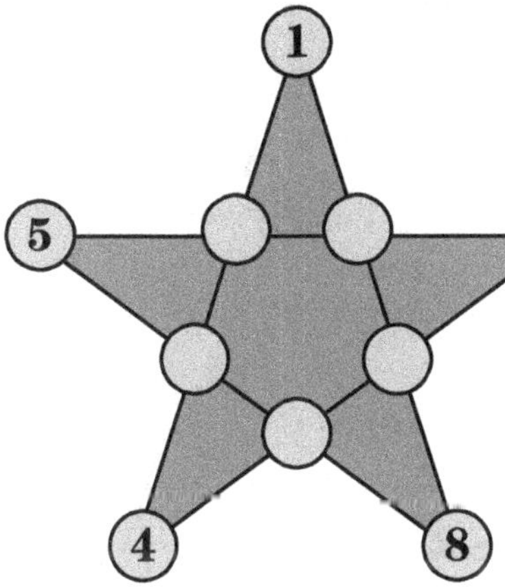

173. 五角星填数之 10

请在空格内填入适当的数，使每条线上的 4 个数之和都得 24。你会填吗？

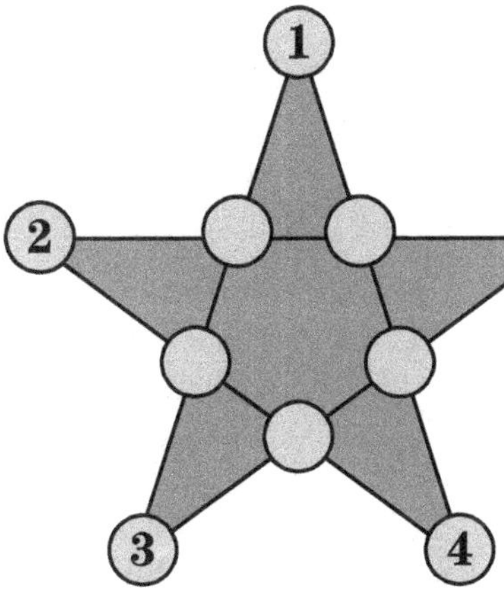

174. 五角星填数之 11

请在空格内填入适当的数，使每条线上的 4 个数之和都得 24。你会填吗？

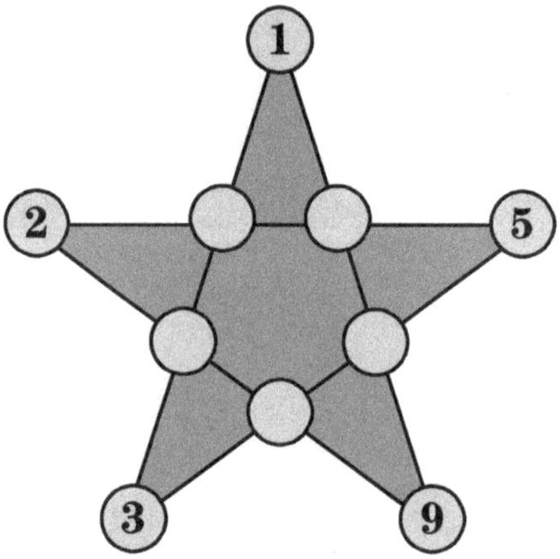

175. 五角星填数之 12

请在空格内填入适当的数，使每条线上的 4 个数之和都得 24。你会填吗？

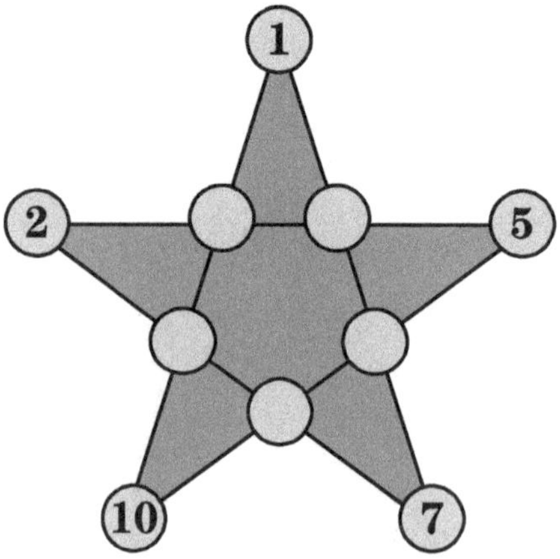

176. 五角星填数之 13

请在空格内填入适当的数，使每条线上的 4 个数之和都得 24。你会填吗？

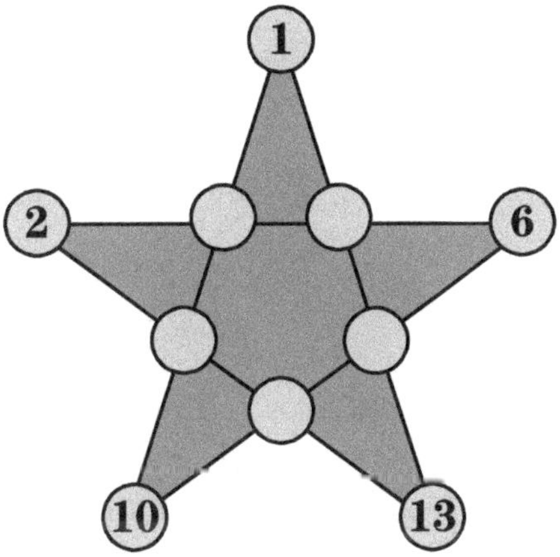

177. 五角星填数之 14

请在空格内填入适当的数，使每条线上的 4 个数之和都得 24。你会填吗？

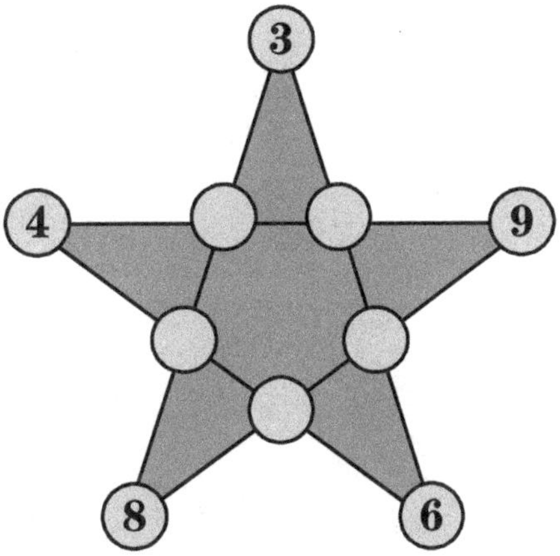

178. 五角星填数之 15

请在空格内填入适当的数，使每条线上的 4 个数之和都得 24。你会填吗?

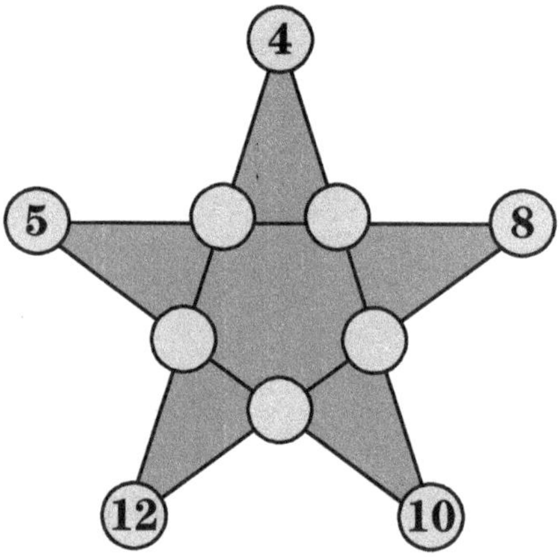

179. 五角星填数之 16

请在空格内填入适当的数，使每条线上的 4 个数之和都得 24。你会填吗?

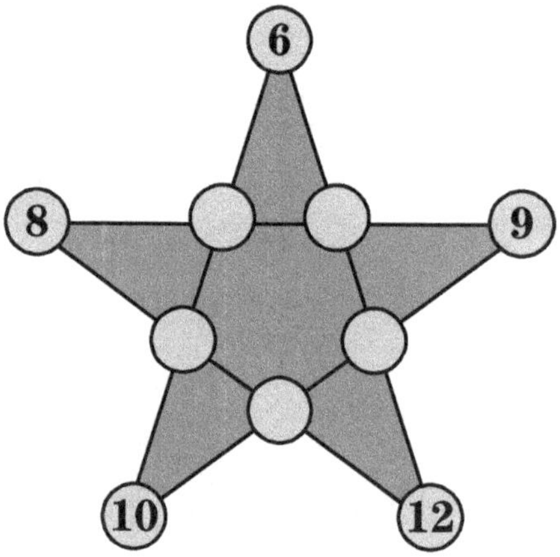

180. 五角星填数之 17

请在空格内填入适当的数，使每条线上的 4 个数之和都得 24。你会填吗？

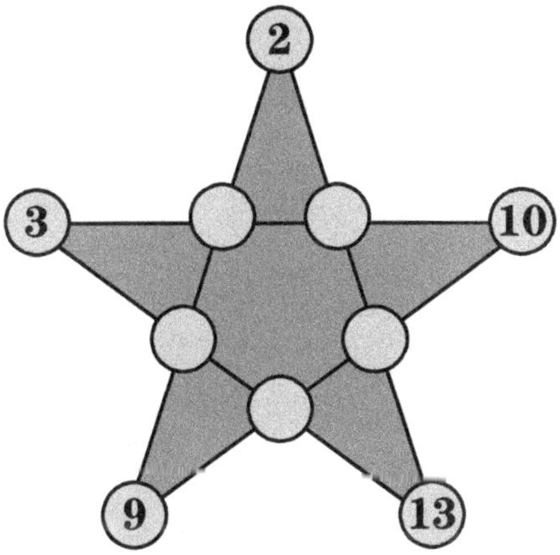

181. 五角星填数之 18

请在空格内填入适当的数，使每条线上的 4 个数之和都得 24。你会填吗？

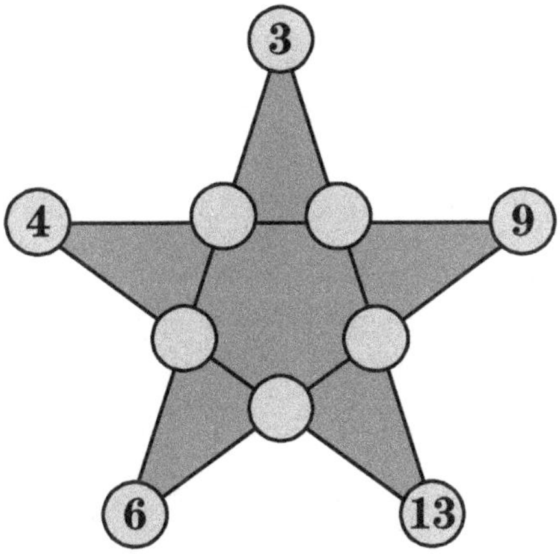

182. 五角星填数之 19

请在空格内填入适当的数，使每条线上的 4 个数之和都得 24。你会填吗？

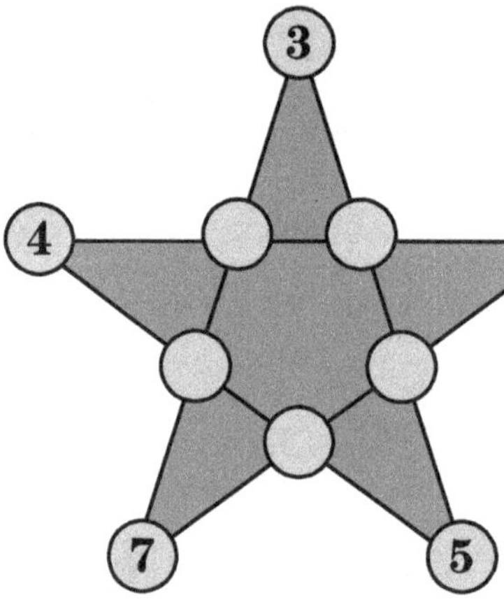

183. 五角星填数之 20

请在空格内填入适当的数，使每条线上的 4 个数之和都得 24。你会填吗？

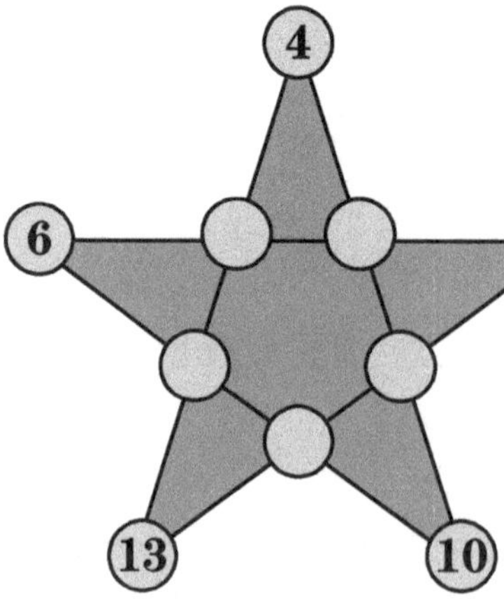

184. 五角星填数之 21

请在空格内填入适当的数，使每条线上的 4 个数之和都得 24。你会填吗？

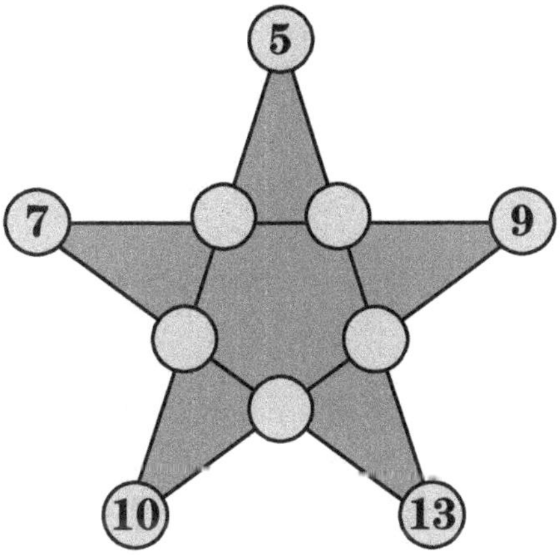

185. 五角星填数之 22

请在空格内填入适当的数，使每条线上的 4 个数之和都得 24。你会填吗？

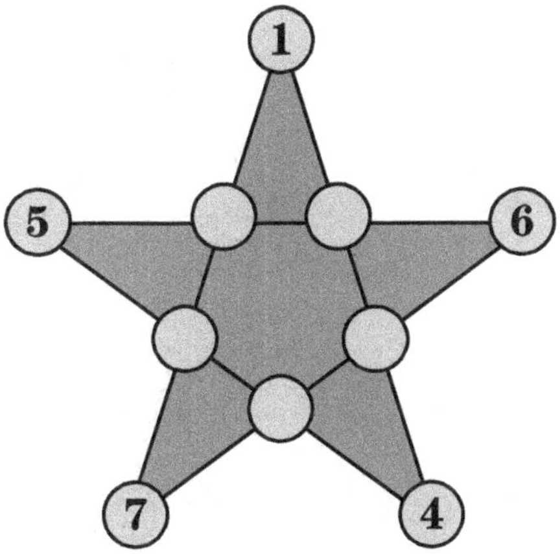

186. 五角星填数之23

请在空格内填入适当的数，使每条线上的 4 个数之和都得 24。你会填吗？

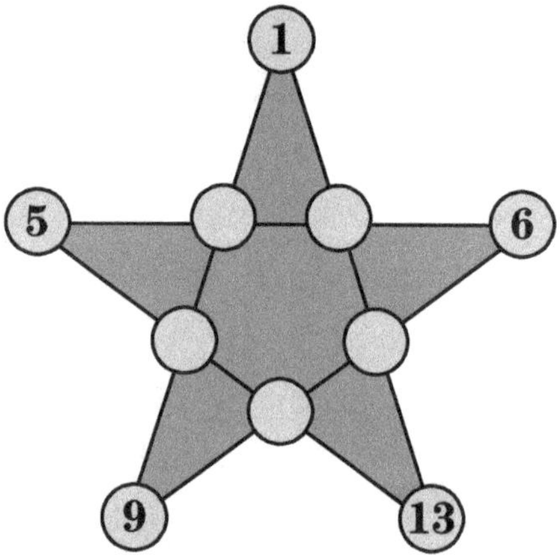

187. 五角星填数之24

请在空格内填入适当的数，使每条线上的 4 个数之和都得 24。你会填吗？

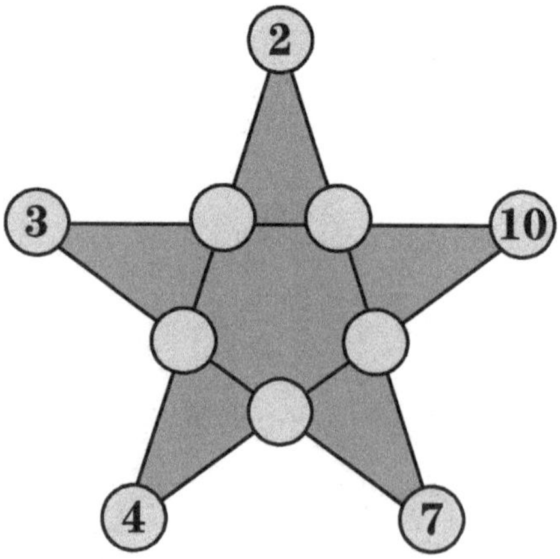

188. 相同数字之 1

这是一道非常奇特的算式，我们只知道空格内为相同的一个数字，你能很快写出这道奇妙的等式吗？

$$141 \times \square 4 = 11\square 44$$

189. 相同数字之 2

这又是一道奇妙算式游戏。

这是一道非常奇特的算式，我们只知道空格内为相同的一个数字，你能很快写出这道奇妙的等式吗？

$$3\square \div 4 \div 5 = 3\square .45$$

190. 相同数字之 3

这是一道非常奇特的算式，我们只知道空格内为相同的一个数字，你能很快写出这道奇妙的等式吗？

$$\square 36 \times 36 = 336\square 6$$

191. 相同数字之 4

这又是一道奇妙算式游戏。

这是一道非常奇特的算式，我们只知道空格内为相同的一个数字，你能很快写出这道奇妙的等式吗？

412□ × 3=123□4

192. 趣得 16

请将 1、2、3、4、5、6 填入空格处，使每个圆环上的数之和都得 16。

试一试，你能填出来吗？

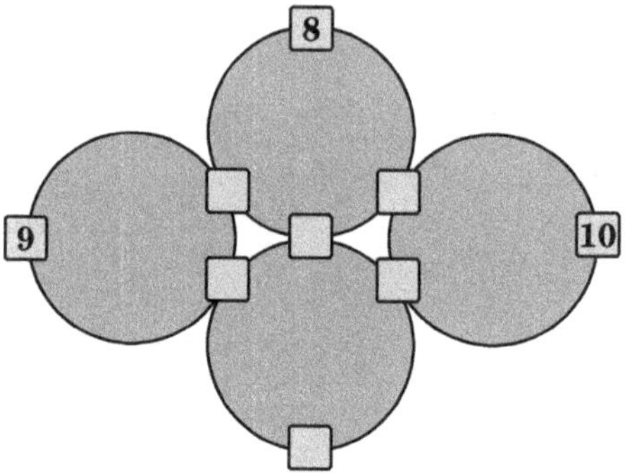

193. 三环填十数之 1

请将 1～10（部分数已填）分别填入下面图中的空格内，使每个圆环上的数之和都得 24。

你来试一试，能找出答案吗？

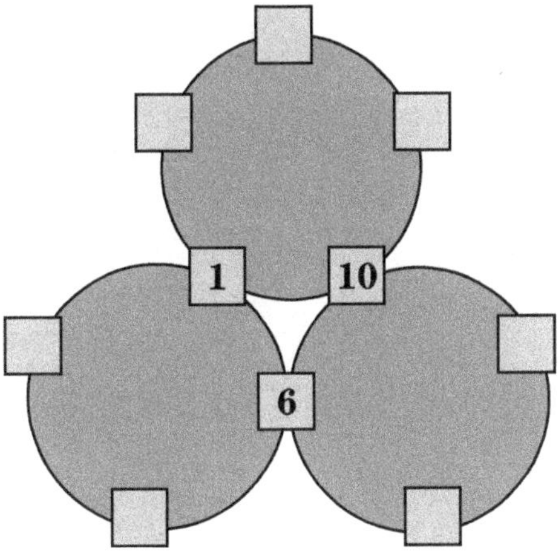

194. 三环填十数之 2

请将 1～10（部分数已填）分别填入下面图中的空格内，使每个圆环上的数之和都得 24。

你来试一试，能找出答案吗？

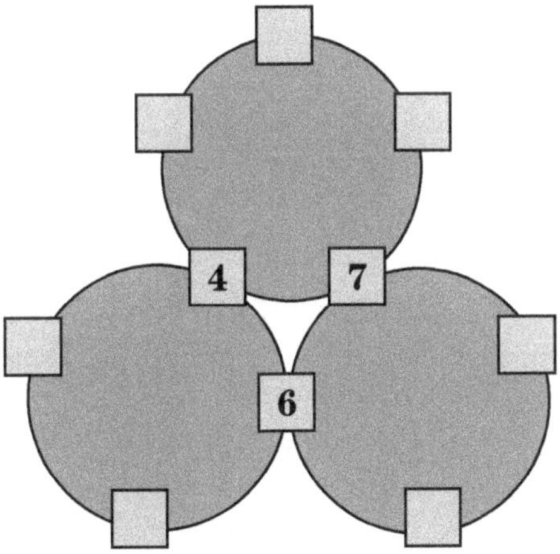

195. 三环填十数之 3

请将 1～10（部分数已填）分别填入下面图中的空格内，使每个圆环上的数之和都得 24。

你来试一试，能找出答案吗？

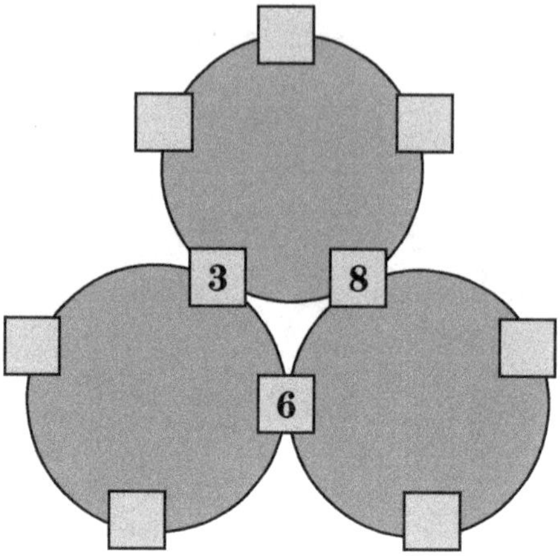

196. 三环填十数之4

请将 1～10（部分数已填）分别填入下面图中的空格内，使每个圆环上的数之和都得 23。

你来试一试，能找出答案吗？

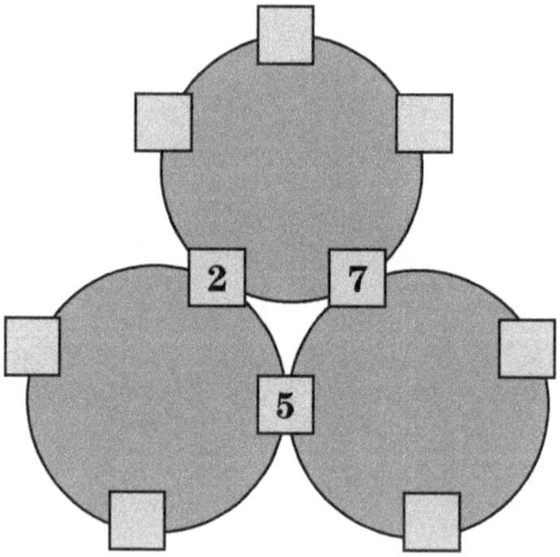

197. 三环填十数之5

请将 1～10（部分数已填）分别填入下面图中的空格内，使每个圆环上的数之和都得 23。

你来试一试，能找出答案吗？

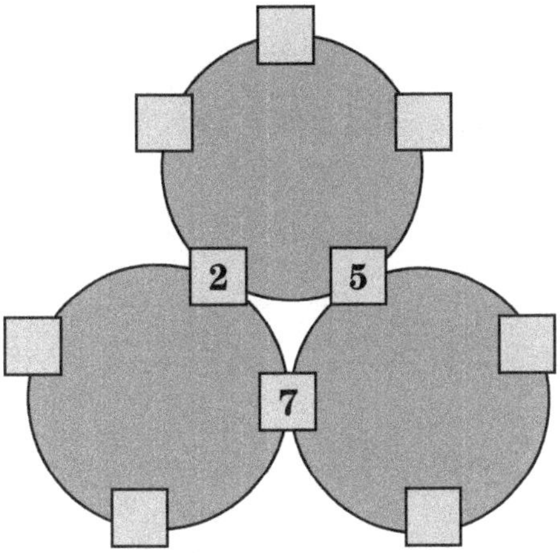

198. 三环填十数之6

请将 1～10（部分数已填）分别填入下面图中的空格内，使每个圆环上的数之和都得 23。

你来试一试，能找出答案吗？

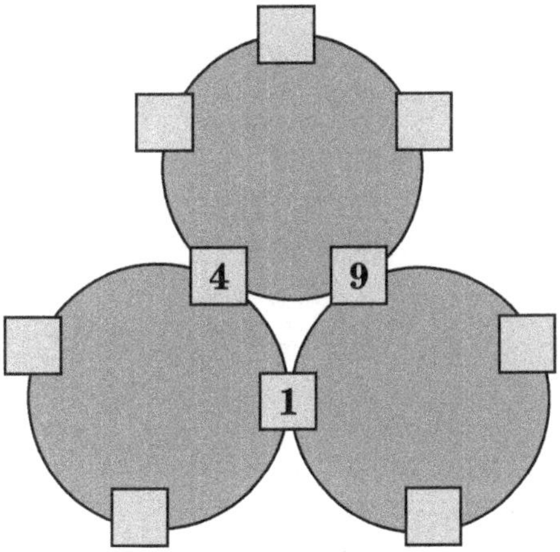

九、眼界大开

199. 奇妙的算式

这里有29道算式，之所以说它奇妙，是因为它是由数字与汉字构成的，而这些汉字与数字间的奇特关系，令人大为惊叹！

好了，来欣赏一下吧。

数学2×真7=奇妙14

数学6×真6=奇妙36

数学2×真70=奇妙140

数学4×真65=奇妙260

数学6×真60=奇妙360

数学8×真55=奇妙440

数学20×真7=奇妙140

数学60×真6=奇妙360

数学16×真71=奇妙1136

数学20×真70=奇妙1400

数学24×真69=奇妙1656

数学28×真68=奇妙1904

数学32×真67=奇妙2144

数学36×真66=奇妙2376

数学40×真65=奇妙2600

数学44×真64=奇妙2816

数学48×真63=奇妙3024

数学52×真62=奇妙3224

数学56×真61=奇妙3416

数学60×真60=奇妙3600

数学64×真59=奇妙3776

数学68×真58=奇妙3944

数学 72×真 57=奇妙 4104
数学 76×真 56=奇妙 4256
数学 80×真 55=奇妙 4400
数学 84×真 54=奇妙 4536
数学 88×真 53=奇妙 4664
数学 92×真 52=奇妙 4784
数学 96×真 51=奇妙 4896

如果将算式中有所有汉字都剔除掉，余下的都是等式。这些等式都成立吗？你可以来验证一下噢。

2×7=14
6×6=36
2×70=140
4×65=260
6×60=360
8×55=440
20×7=140
60×6=360
16×71=1136
20×70=1400
24×69=1656
28×68=1904
32×67=2144
36×66=2376
40×65=2600
44×64=2816
48×63=3024
52×62=3224
56×61=3416
60×60=3600
64×59=3776
68×58=3944
72×57=4104
76×56=4256
80×55=4400
84×54=4536

88×53=4664

92×52=4784

96×51=4896

什么？这没有什么奇怪的。只是你在算式里插入了这五个汉字故弄玄虚罢了。那如果你这样认为，我也没办法。如果将“数学真奇妙”依次换成数字“12345”，它所形成的算式也都是等式。

数学2×真7=奇妙14 ⟶ 122×37=4514

数学6×真6=奇妙36 ⟶ 126×36=4536

数学2×真70=奇妙140 ⟶ 122×370=45140

数学4×真65=奇妙260 ⟶ 124×365=45260

数学6×真60=奇妙360 ⟶ 126×360=45360

数学8×真55=奇妙440 ⟶ 128×355=45440

数学20×真7=奇妙140 ⟶ 1220×37=45140

数学60×真6=奇妙360 ⟶ 1260×36=45360

数学16×真71=奇妙1136 ⟶ 1216×371=451136

数学20×真70=奇妙1400 ⟶ 1220×370=451400

数学24×真69=奇妙1656 ⟶ 1224×369=451656

数学28×真68=奇妙1904 ⟶ 1228×368=451904

数学32×真67=奇妙2144 ⟶ 1232×367=452144

数学36×真66=奇妙2376 ⟶ 1236×366=452376

数学40×真65=奇妙2600 ⟶ 1240×365=452600

数学44×真64=奇妙2816 ⟶ 1244×364=452816

数学48×真63=奇妙3024 ⟶ 1248×363=453024

数学52×真62=奇妙3224 ⟶ 1252×362=453224

数学56×真61=奇妙3416 ⟶ 1256×361=453416

数学60×真60=奇妙3600 ⟶ 1260×360=453600

数学64×真59=奇妙3776 ⟶ 1264×359=453776

数学68×真58=奇妙3944 ⟶ 1268×358=453944

数学72×真57=奇妙4104 ⟶ 1272×357=454104

数学76×真56=奇妙4256 ⟶ 1276×356=454256

数学80×真55=奇妙4400 ⟶ 1280×355=454400

数学84×真54=奇妙4536 ⟶ 1284×354=454536

数学88×真53=奇妙4664 ⟶ 1288×353=454664

数学92×真52=奇妙4784 ⟶ 1292×352=454784

数学96×真51=奇妙4896 ⟶ 1296×351=454896

怎么样？个个算式都插入了“1、2、3、4、5”，算式仍旧相等。服了吧？从中领略到数学的奇妙了吧！

200. 趣数 18 的乘方

提到 18 的乘方，大家都对下面的算式不会陌生吧：

$18^3=5832$

$18^4=104976$

18 的三次方与 18 的四次方，数字 0、1、2、3、4、5、6、7、8、9 各用上了一遍。

其实，它的趣味性绝不只在这一点上。

18 的三次方是 5832，5+8+3+2，和为 18。

5832 的平方（也就是 18 的 6 次方）数是多少？算一下，即 34012224，算一下这一数的数字和，3+4+0+1+2+2+2+4，得数也是 18。

即 $18^6=34012224$

那么，18 的三次方与 18 的四次方相乘（也就是 18 的 7 次方）数是多少呢？是 612220032，求一下它们的数字和，6+1+2+2+2+0+0+3+2，得数也是 18。

即 $18^7=612220032$

下面列举一下用 1、2、3、4、5、6、7、8、9 组成的算式乘积来表示 18 的五次方：

$54\times27\times9\times8\times6\times3\times1=18^5$

同样可以表示 18 的六次方：

$96\times81\times54\times27\times3=18^6$

$972\times54\times36\times18=18^6$

$1458\times72\times36\times9=18^6$

$2187\times96\times54\times3=18^6$

用上 0、1、2、3、4、5、6、7、8、9 表示 18 的七次方的你已经知道了：

$104976\times5832=18^7$

嘿，好玩吧！

201. 山羊妈妈的数字题

从前有只山羊妈妈，一次生了三只小羊羔，小羊皮皮是最聪明调皮的一个。

一天，山羊妈妈又开始考小羊羔了，一看，发现小山羊皮皮正在看一本妈妈的参考书。她提前一步把妈妈要出的题目都看了。

原来，皮皮早就知道妈妈出的题目是这本书上的了，她把每一道题都研究透了。

妈妈有了这个特大的发现，出其不意地用这样的题目考考孩子们。

有 1～2007 这 2007 个数，用顺时针循环写在一个圆圈里。之后把 1 擦掉，留下 2 和 3，擦掉 4，留下 5 和 6，……以此类推继续下去。问最后剩下的一个数是多少？

这么大的数字，真的让人难以着手。如果数字少了话，可以一个个去试着排列。

其实，这道题目除了用电脑去“暴力破解（让电脑一个个试，以此来求出所有的排列）”外，至今没有人找出更好的算术法求得到。

这道题的最后答案应该是这样的，最后剩下 626。

依次擦掉的数是：

1，4，7，10，13，16，19，22，25，28，31，34，37，40，43，46，49，52，55，58，61，64，67，70，73，76，79，82，85，88，91，94，97，100，103，106，109，112，115，118，121，124，127，130，133，136，139，142，145，148，151，154，157，160，163，166，169，172，175，178，181，184，187，190，193，196，199，202，205，208，211，214，217，220，223，226，229，232，235，238，241，244，247，250，253，256，259，262，265，268，271，274，277，280，283，286，289，292，295，298，301，304，307，310，313，316，319，322，325，328，331，334，337，340，343，346，349，352，355，358，361，364，367，370，373，376，379，382，385，388，391，394，397，400，403，406，409，412，415，418，421，424，427，430，433，436，439，442，445，448，451，454，457，460，463，466，469，472，475，478，481，484，487，490，493，496，499，502，505，508，511，514，517，520，523，526，529，532，535，538，541，544，547，550，553，556，559，562，565，568，571，574，577，580，583，586，589，592，595，598，601，604，607，610，613，616，619，622，625，628，631，634，637，640，643，646，649，652，655，658，661，664，667，670，673，676，679，682，685，688，691，694，697，700，703，706，709，712，715，718，721，724，727，730，733，736，739，742，745，748，751，754，757，760，763，766，769，772，775，778，781，784，787，790，793，796，799，802，805，808，811，814，817，820，823，826，829，832，835，838，841，844，847，850，853，856，859，862，865，868，871，874，877，880，883，886，889，892，895，898，

901，904，907，910，913，916，919，922，925，928，931，934，937，940，943，946，949，952，955，958，961，964，967，970，973，976，979，982，985，988，991，994，997，1000，1003，1006，1009，1012，1015，1018，1021，1024，1027，1030，1033，1036，1039，1042，1045，1048，1051，1054，1057，1060，1063，1066，1069，1072，1075，1078，1081，1084，1087，1090，1093，1096，1099，1102，1105，1108，1111，1114，1117，1120，1123，1126，1129，1132，1135，1138，1141，1144，1147，1150，1153，1156，1159，1162，1165，1168，1171，1174，1177，1180，1183，1186，1189，1192，1195，1198，1201，1204，1207，1210，1213，1216，1219，1222，1225，1228，1231，1234，1237，1240，1243，1246，1249，1252，1255，1258，1261，1264，1267，1270，1273，1276，1279，1282，1285，1288，1291，1294，1297，1300，1303，1306，1309，1312，1315，1318，1321，1324，1327，1330，1333，1336，1339，1342，1345，1348，1351，1354，1357，1360，1363，1366，1369，1372，1375，1378，1381，1384，1387，1390，1393，1396，1399，1402，1405，1408，1411，1414，1417，1420，1423，1426，1429，1432，1435，1438，1441，1444，1447，1450，1453，1456，1459，1462，1465，1468，1471，1474，1477，1480，1483，1486，1489，1492，1495，1498，1501，1504，1507，1510，1513，1516，1519，1522，1525，1528，1531，1534，1537，1540，1543，1546，1549，1552，1555，1558，1561，1564，1567，1570，1573，1576，1579，1582，1585，1588，1591，1594，1597，1600，1603，1606，1609，1612，1615，1618，1621，1624，1627，1630，1633，1636，1639，1642，1645，1648，1651，1654，1657，1660，1663，1666，1669，1672，1675，1678，1681，1684，1687，1690，1693，1696，1699，1702，1705，1708，1711，1714，1717，1720，1723，1726，1729，1732，1735，1738，1741，1744，1747，1750，1753，1756，1759，1762，1765，1768，1771，1774，1777，1780，1783，1786，1789，1792，1795，1798，1801，1804，1807，1810，1813，1816，1819，1822，1825，1828，1831，1834，1837，1840，1843，1846，1849，1852，1855，1858，1861，1864，1867，1870，1873，1876，1879，1882，1885，1888，1891，1894，1897，1900，1903，1906，1909，1912，1915，1918，1921，1924，1927，1930，1933，1936，1939，1942，1945，1948，1951，1954，1957，1960，1963，1966，1969，1972，1975，1978，1981，1984，1987，1990，1993，1996，1999，2002，2005，2，6，11，15，20，24，29，33，38，42，47，51，56，60，65，69，74，78，83，87，92，96，101，105，110，114，119，123，128，132，137，141，146，150，

155，159，164，168，173，177，182，186，191，195，200，204，209，213，218，222，227，231，236，240，245，249，254，258，263，267，272，276，281，285，290，294，299，303，308，312，317，321，326，330，335，339，344，348，353，357，362，366，371，375，380，384，389，393，398，402，407，411，416，420，425，429，434，438，443，447，452，456，461，465，470，474，479，483，488，492，497，501，506，510，515，519，524，528，533，537，542，546，551，555，560，564，569，573，578，582，587，591，596，600，605，609，614，618，623，627，632，636，641，645，650，654，659，663，668，672，677，681，686，690，695，699，704，708，713，717，722，726，731，735，740，744，749，753，758，762，767，771，776，780，785，789，794，798，803，807，812，816，821，825，830，834，839，843，848，852，857，861，866，870，875，879，884，888，893，897，902，906，911，915，920，924，929，933，938，942，947，951，956，960，965，969，974，978，983，987，992，996，1001，1005，1010，1014，1019，1023，1028，1032，1037，1041，1046，1050，1055，1059，1064，1068，1073，1077，1082，1086，1091，1095，1100，1104，1109，1113，1118，1122，1127，1131，1136，1140，1145，1149，1154，1158，1163，1167，1172，1176，1181，1185，1190，1194，1199，1203，1208，1212，1217，1221，1226，1230，1235，1239，1244，1248，1253，1257，1262，1266，1271，1275，1280，1284，1289，1293，1298，1302，1307，1311，1316，1320，1325，1329，1334，1338，1343，1347，1352，1356，1361，1365，1370，1374，1379，1383，1388，1392，1397，1401，1406，1410，1415，1419，1424，1428，1433，1437，1442，1446，1451，1455，1460，1464，1469，1473，1478，1482，1487，1491，1496，1500，1505，1509，1514，1518，1523，1527，1532，1536，1541，1545，1550，1554，1559，1563，1568，1572，1577，1581，1586，1590，1595，1599，1604，1608，1613，1617，1622，1626，1631，1635，1640，1644，1649，1653，1658，1662，1667，1671，1676，1680，1685，1689，1694，1698，1703，1707，1712，1716，1721，1725，1730，1734，1739，1743，1748，1752，1757，1761，1766，1770，1775，1779，1784，1788，1793，1797，1802，1806，1811，1815，1820，1824，1829，1833，1838，1842，1847，1851，1856，1860，1865，1869，1874，1878，1883，1887，1892，1896，1901，1905，1910，1914，1919，1923，1928，1932，1937，1941，1946，1950，1955，1959，1964，1968，1973，1977，1982，1986，1991，1995，2000，2004，3，9，17，23，30，36，44，50，57，63，71，77，84，90，98，104，111，117，125，131，

138，144，152，158，165，171，179，185，192，198，206，212，219，225，233，239，246，252，260，266，273，279，287，293，300，306，314，320，327，333，341，347，354，360，368，374，381，387，395，401，408，414，422，428，435，441，449，455，462，468，476，482，489，495，503，509，516，522，530，536，543，549，557，563，570，576，584，590，597，603，611，617，624，630，638，644，651，657，665，671，678，684，692，698，705，711，719，725，732，738，746，752，759，765，773，779，786，792，800，806，813，819，827，833，840，846，854，860，867，873，881，887，894，900，908，914，921，927，935，941，948，954，962，968，975，981，989，995，1002，1008，1016，1022，1029，1035，1043，1049，1056，1062，1070，1076，1083，1089，1097，1103，1110，1116，1124，1130，1137，1143，1151，1157，1164，1170，1178，1184，1191，1197，1205，1211，1218，1224，1232，1238，1245，1251，1259，1265，1272，1278，1286，1292，1299，1305，1313，1319，1326，1332，1340，1346，1353，1359，1367，1373，1380，1386，1394，1400，1407，1413，1421，1427，1434，1440，1448，1454，1461，1467，1475，1481，1488，1494，1502，1508，1515，1521，1529，1535，1542，1548，1556，1562，1569，1575，1583，1589，1596，1602，1610，1616，1623，1629，1637，1643，1650，1656，1664，1670，1677，1683，1691，1697，1704，1710，1718，1724，1731，1737，1745，1751，1758，1764，1772，1778，1785，1791，1799，1805，1812，1818，1826，1832，1839，1845，1853，1859，1866，1872，1880，1886，1893，1899，1907，1913，1920，1926，1934，1940，1947，1953，1961，1967，1974，1980，1988，1994，2001，2007，12，21，32，41，53，62，72，81，93，102，113，122，134，143，153，162，174，183，194，203，215，224，234，243，255，264，275，284，296，305，315，324，336，345，356，365，377，386，396，405，417，426，437，446，458，467，477，486，498，507，518，527，539，548，558，567，579，588，599，608，620，629，639，648，660，669，680，689，701，710，720，729，741，750，761，770，782，791，801，810，822，831，842，851，863，872，882，891，903，912，923，932，944，953，963，972，984，993，1004，1013，1025，1034，1044，1053，1065，1074，1085，1094，1106，1115，1125，1134，1146，1155，1166，1175，1187，1196，1206，1215，1227，1236，1247，1256，1268，1277，1287，1296，1308，1317，1328，1337，1349，1358，1368，1377，1389，1398，1409，1418，1430，1439，1449，1458，1470，1479，1490，1499，1511，1520，1530，1539，1551，1560，1571，1580，1592，1601，

1611, 1620, 1632, 1641, 1652, 1661, 1673, 1682, 1692, 1701, 1713, 1722, 1733, 1742, 1754, 1763, 1773, 1782, 1794, 1803, 1814, 1823, 1835, 1844, 1854, 1863, 1875, 1884, 1895, 1904, 1916, 1925, 1935, 1944, 1956, 1965, 1976, 1985, 1997, 2006, 14, 27, 45, 59, 75, 89, 107, 120, 135, 149, 167, 180, 197, 210, 228, 242, 257, 270, 288, 302, 318, 332, 350, 363, 378, 392, 410, 423, 440, 453, 471, 485, 500, 513, 531, 545, 561, 575, 593, 606, 621, 635, 653, 666, 683, 696, 714, 728, 743, 756, 774, 788, 804, 818, 836, 849, 864, 878, 896, 909, 926, 939, 957, 971, 986, 999, 1017, 1031, 1047, 1061, 1079, 1092, 1107, 1121, 1139, 1152, 1169, 1182, 1200, 1214, 1229, 1242, 1260, 1274, 1290, 1304, 1322, 1335, 1350, 1364, 1382, 1395, 1412, 1425, 1443, 1457, 1472, 1485, 1503, 1517, 1533, 1547, 1565, 1578, 1593, 1607, 1625, 1638, 1655, 1668, 1686, 1700, 1715, 1728, 1746, 1760, 1776, 1790, 1808, 1821, 1836, 1850, 1868, 1881, 1898, 1911, 1929, 1943, 1958, 1971, 1989, 2003, 18, 39, 66, 86, 108, 129, 156, 176, 201, 221, 248, 269, 291, 311, 338, 359, 383, 404, 431, 450, 473, 494, 521, 540, 566, 585, 612, 633, 656, 675, 702, 723, 747, 768, 795, 815, 837, 858, 885, 905, 930, 950, 977, 998, 1020, 1040, 1067, 1088, 1112, 1133, 1160, 1179, 1202, 1223, 1250, 1269, 1295, 1314, 1341, 1362, 1385, 1404, 1431, 1452, 1476, 1497, 1524, 1544, 1566, 1587, 1614, 1634, 1659, 1679, 1706, 1727, 1749, 1769, 1796, 1817, 1841, 1862, 1889, 1908, 1931, 1952, 1979, 1998, 26, 54, 95, 126, 161, 189, 230, 261, 297, 329, 369, 399, 432, 464, 504, 534, 572, 602, 642, 674, 707, 737, 777, 809, 845, 876, 917, 945, 980, 1011, 1052, 1080, 1119, 1148, 1188, 1220, 1254, 1283, 1323, 1355, 1391, 1422, 1463, 1493, 1526, 1557, 1598, 1628, 1665, 1695, 1736, 1767, 1800, 1830, 1871, 1902, 1938, 1970, 5, 48, 99, 147, 207, 251, 309, 351, 413, 459, 512, 554, 615, 662, 716, 764, 824, 869, 918, 966, 1026, 1071, 1128, 1173, 1233, 1281, 1331, 1376, 1436, 1484, 1538, 1584, 1646, 1688, 1740, 1787, 1848, 1890, 1949, 1992, 68, 140, 216, 282, 372, 444, 525, 594, 687, 755, 828, 899, 990, 1058, 1142, 1209, 1301, 1371, 1445, 1512, 1605, 1674, 1755, 1827, 1917, 1983, 80, 188, 323, 419, 552, 647, 783, 890, 1007, 1101, 1241, 1344, 1466, 1574, 1709, 1809, 1922, 35, 237, 390, 581, 734, 936, 1098, 1263, 1416, 1619, 1781, 1962, 170, 480, 693, 959, 1193, 1506, 1719, 8, 342, 797, 1161, 1553, 1877, 491, 1038, 1647, 278, 1310, 116, 1403,

855，1857。

这里给出了这些数字的擦除过程，你来研究研究，加把劲，说不定你就能够从中研究出这样的公式来呢！到时候别忘记告诉大家噢！

202. 冒名顶替

早自习上，大家在朗读课文和课外资料。张雨边读谚语边进行着“创新”——接半句。

“一山不容二虎”，他再接个“除非一公一母”。

“早起的鸟儿有虫吃”，他接一句“早起的虫子被鸟吃”。

“长江后浪推前浪”，他又来一句“前浪死在沙滩上”。

张雨的个子矮，可是嗓门高。不少的同学竟然被他逗得前俯后仰。久而久之，有的句子竟然“深入人心”，被传来用去，真的蒙了不少的人。班上的阮小七不吃这一套，非要找张雨 PK 了。

阮小七故作深沉地拍拍张雨的肩膀：“请保持祖国语言的纯洁好不好，你那瞎接的是什么呀？语言的垃圾啊！”

张雨被这一闷棍打懵了。阮小七见张雨呆在那里说不出话来，用手摸着张雨的头：“小兄弟，哥不是说你，你整天接的那些是你随意捏造的，很容易迷惑人的。哥上次在作文中就用了你的一句‘名言’，得到了老师的专门‘指点’。”说着做了个手指戳脑袋的动作。

张雨像是怕了，又像是真正的知道了自己的不对：“七哥，七哥，小弟不敢了。”阮小七也感觉自己管得宽了些，也连连对张雨陪不是：“好了好了，别七哥八哥的了，哥哥给你看些算式，看看是不是比你那自创的‘谚语’好玩！”

阮小七说着亮出了这样几道算式：

3×51＝153

6×21＝126

9×7×533＝33579

6×54321＝123456

4307×62＝267034

“哇，太神奇了！”张雨像是第一次见到这样的题目，“如果说乘号不算，这些数字正好是左右对称的，好玩好玩。”

“别忙，这里面有一道是‘假冒’的等式。试试看，你能很快找出来吗？”

听了阮小七这么一说，张雨睁大了眼睛，想从那些算式中找出那个不相等的算式。

“这个好判断!”张雨说，“只需要看看它们的个位上的数字是不是符合算式的规律，就能马上判断哪一个算式是错误的”!

阮小七听了哈哈大笑，说：“嗯，你学得真快！看尾数数字是一种快速判断算式是否正确的方法，但也不是绝对好使的。怎么样？这些算式从个位上的数字，你能够判断出谁是谁非了吗?”

“是啊是啊，通过个位上的数字推断，还真的不好找，你看上面两个好判断，一看就知道是等式。下面的三道，9 乘以 7，个位得 3，3 乘以 3 得 9，得数的个位上的数字是 9。下面的两道也是，都符合个位数上的规则。”

“其实，要你找的那道算式，你得更改一个数字，并且要移动一个数字，这样才能够相等。”阮小七对张雨说。

张雨一时竟不知如何是好。这时，阮小七拿来了纸和笔，让张雨再仔细算一算。不大一会儿，张雨终于算了出来，就是那个得 123456 的那个。“唉，多好的算式，可惜它不能够相等”。张雨脸上露出惋惜的表情。他只好按阮小七说的，将等号左边的 1 移至 5 的左边，将因数 6 改为了 8，才刚好让算式成立了。

$8\times15432=123456$

张雨真的像是明白了阮小七的良苦用心：“七哥，我知道你的意思了。那么好的算式里混进来一个另类，真的让人高兴不起来。就像我乱改谚语一样，虽然自己没有感觉出什么，但对别人来说听了会不舒服。对了，还有乱改成语的广告，乱改的名句，都是要不得的。对吧？八哥!”

“八哥?”阮小七一愣。

张雨做了个扇自己嘴巴的动作：“你看我这嘴，让你一提意见，话都说不利索了！七哥，我以后也跟你玩数学游戏！太好玩了。”

说着，他们俩像小孩子一样，勾了勾小手指，顶顶大拇指。

参考答案

一、完美填数

1.《移动数字》答案

将因数中的数字“4”移动到算式的最左边，形成的算式则是一道等式。

4128×3＝12384

2.《39 之谜》答案

如图。

3.《六个数字》答案

所有答案如下：

234－156＝78

243－165＝78

612－534＝78

621－543＝78

514－236＝278

541－263＝278

623－145＝478

632－154＝478

4.《填数巧算 111》答案

如图。

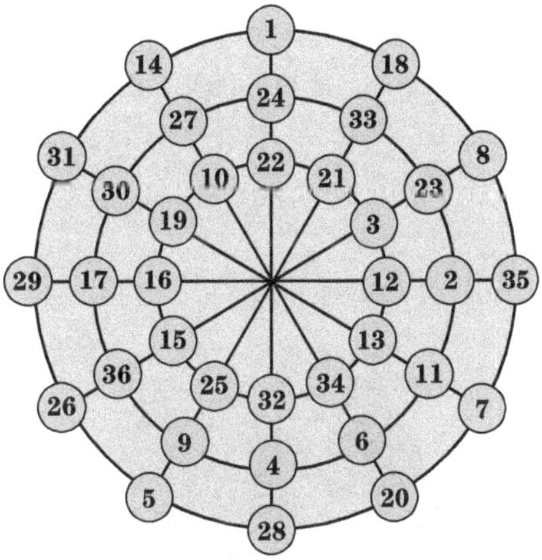

5.《填数求和》答案

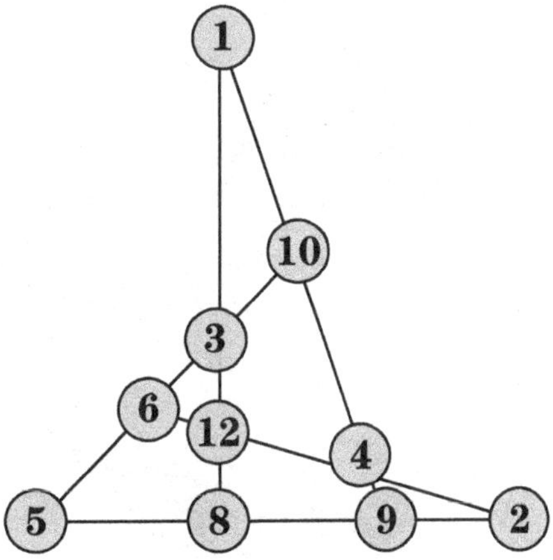

6.《椭圆填数》答案

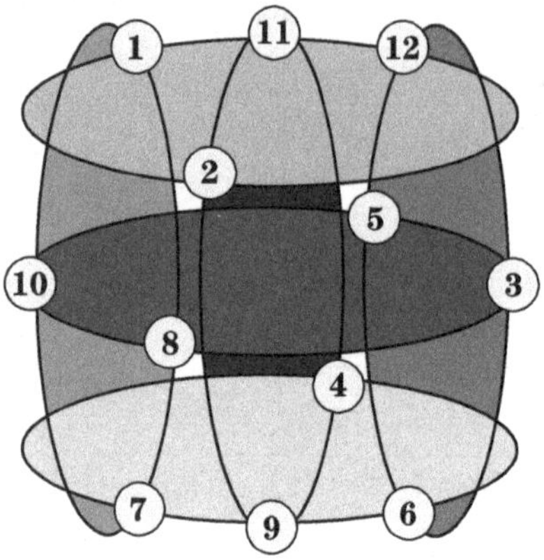

二、神奇图形

7.《图形互变》答案

问题 1：是可以拼成三角形的（如图）。

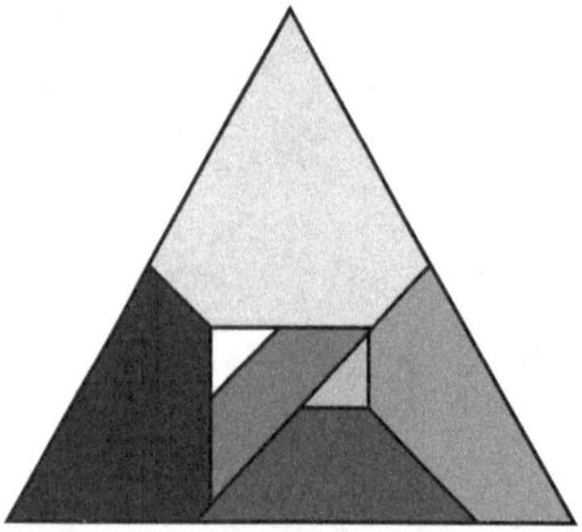

问题 2：也是可以拼成八边形的（如图）。

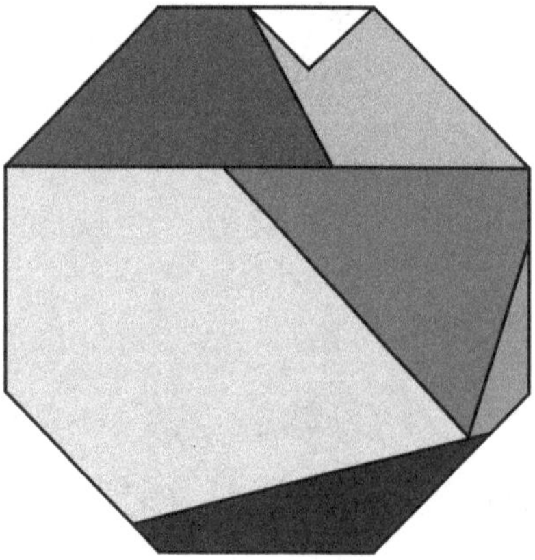

8.《图形幻方之 1》答案

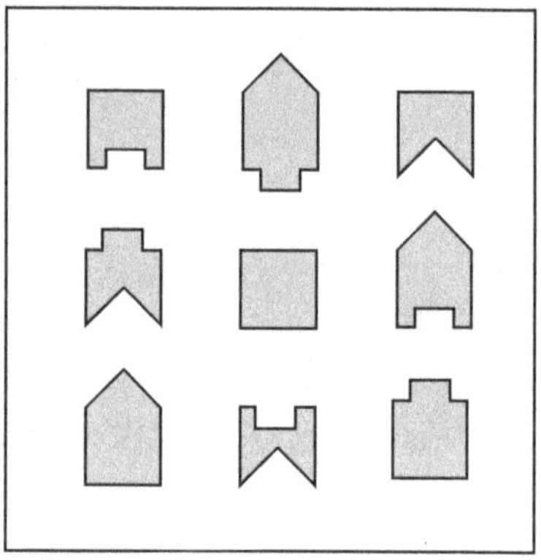

9.《图形幻方之 2》答案

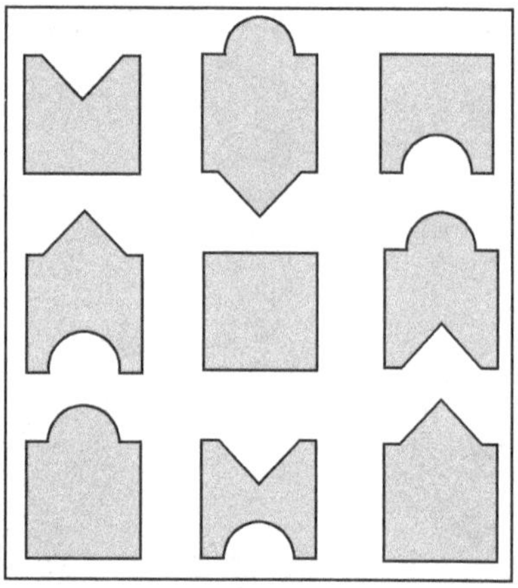

10.《图形平分》答案

基本分法有以下 5 种。

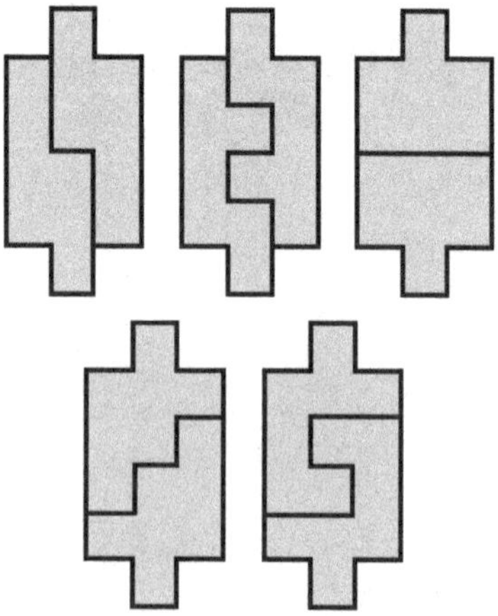

11.《涂色分图》答案

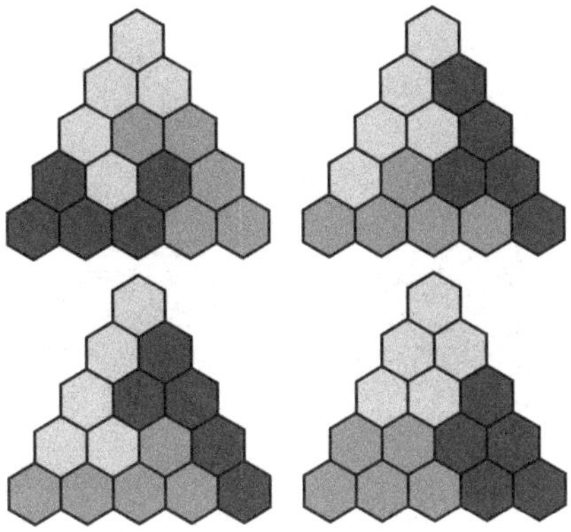

12.《微型数独》答案

1	3	4	2
4	2	1	3
2	4	3	1
3	1	2	4

13.《无独有偶》答案

先算出算式中的乘法和除法得到的结果与200之差，正好用给出的2、4、6、8来拼凑。

答案分别是：

39×70÷15＋46－28＝200

39×70÷15＋82－64＝200

37×90÷15＋26－48＝200

37×90÷15＋62－84＝200

14.《完美三角形》答案

圆圈内恰好出现连续自然数1～6。

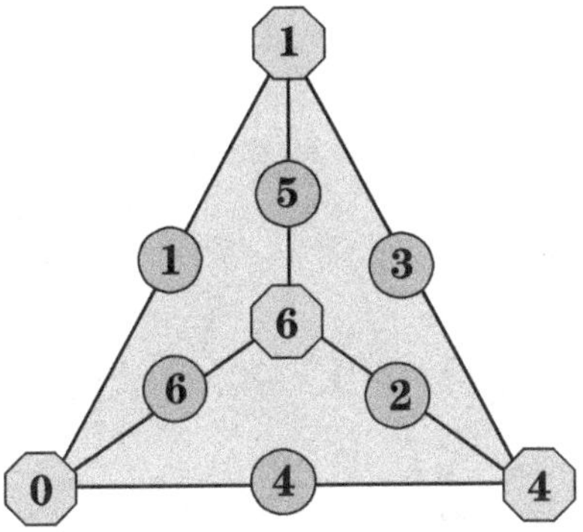

15.《完美四边形》答案

圆圈内恰好出现连续自然数1～12。

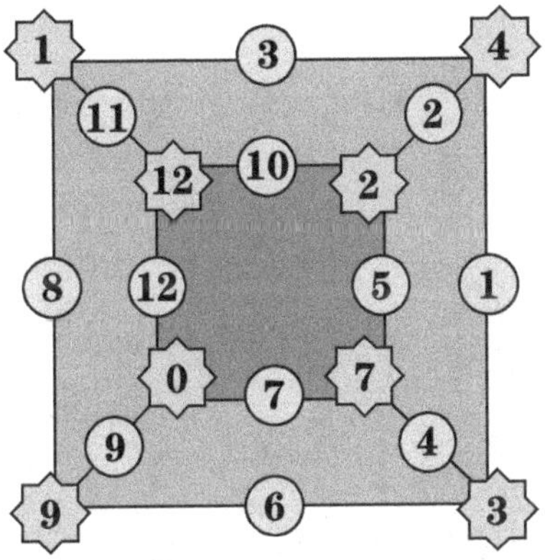

16.《完美五边形之1》答案

方框内所填的数，恰好出现连续自然数1～15，你填对了吗？

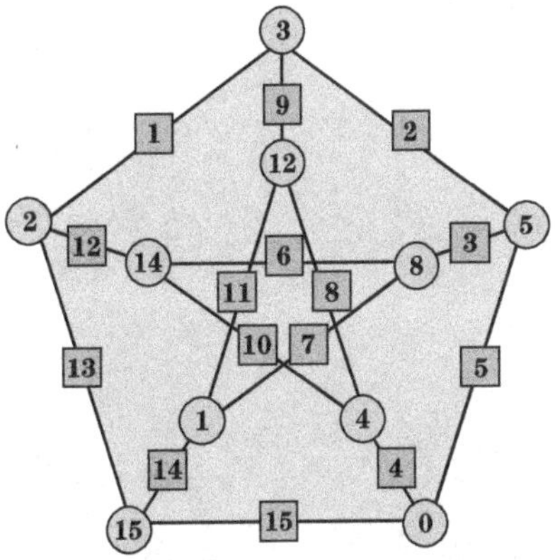

17.《完美五边形之2》答案

圆圈内恰好出现连续自然数1～9。

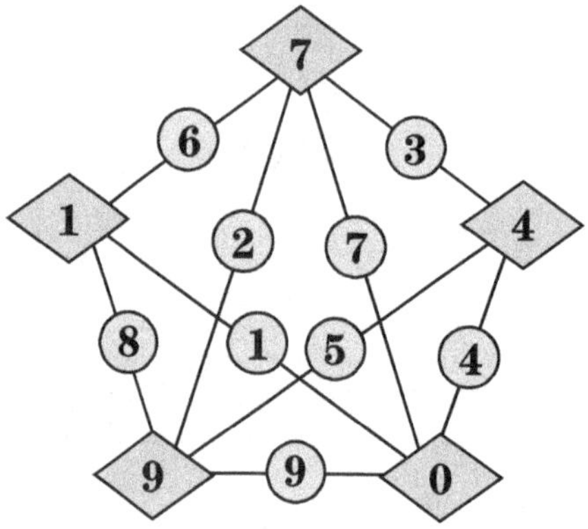

18.《玩转六面体填数》答案

每面的数之和相同，都是18。如图。

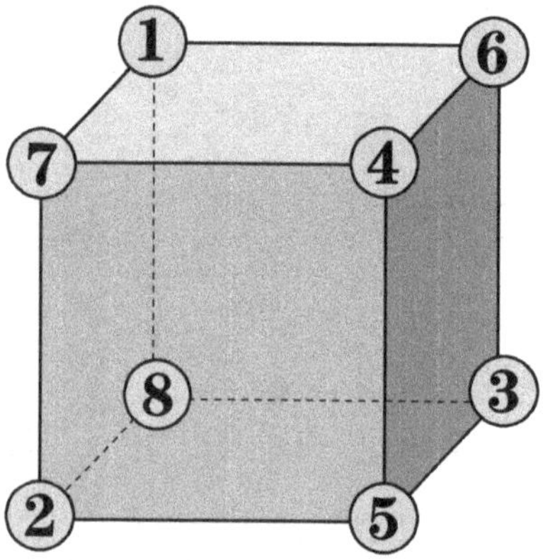

各面上的数之和恰好为13、15、17、19、21、23六个连续奇数。两种填法如图。

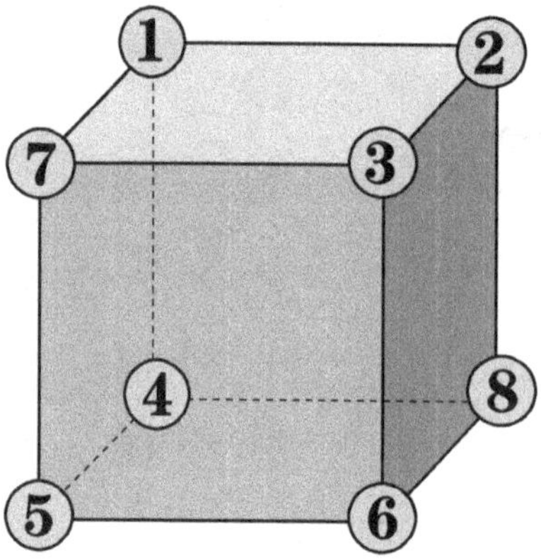

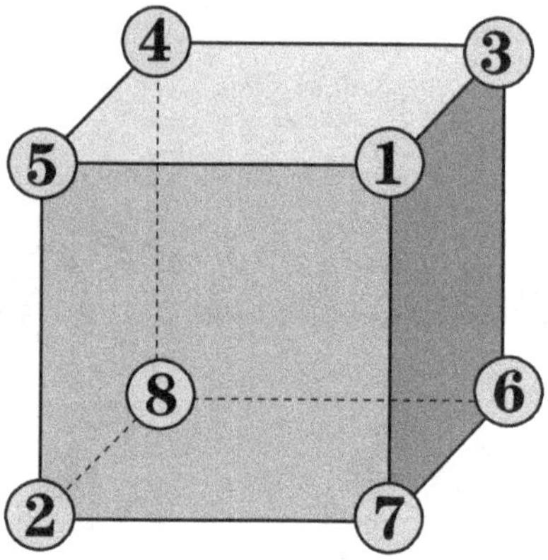

19.《五个加号》答案

15+89+7=111

1+5+8+97=111

20.《拼五角星之1》答案

21.《拼五角星之2》答案

22.《拼正方形》答案

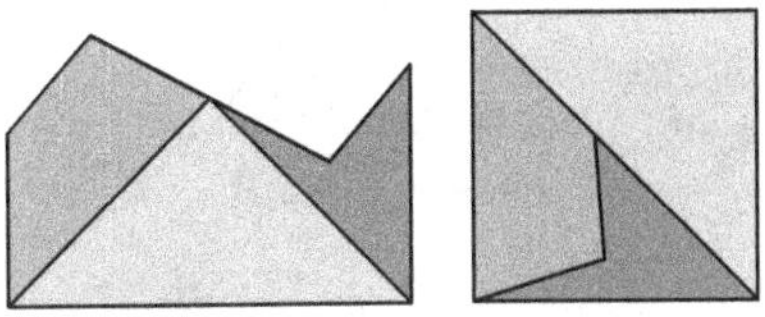

23.《平移拼图》答案

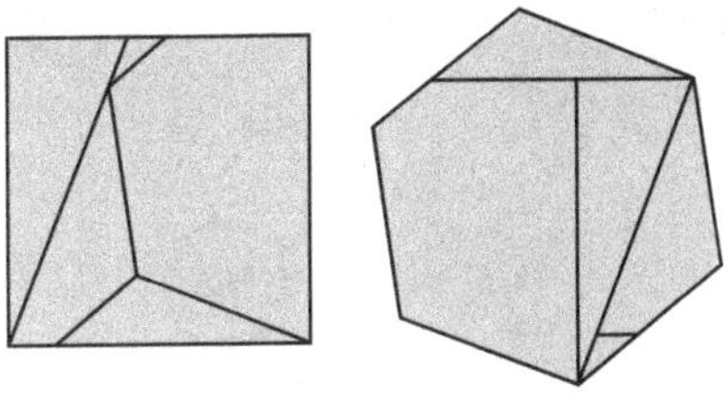

24.《平移转换之 1》答案

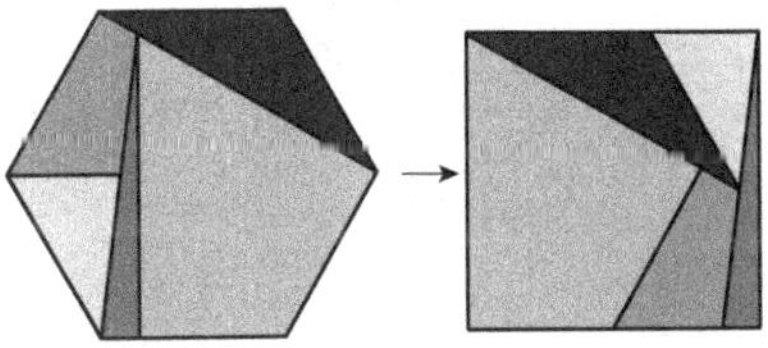

25.《平移转换之 2》答案

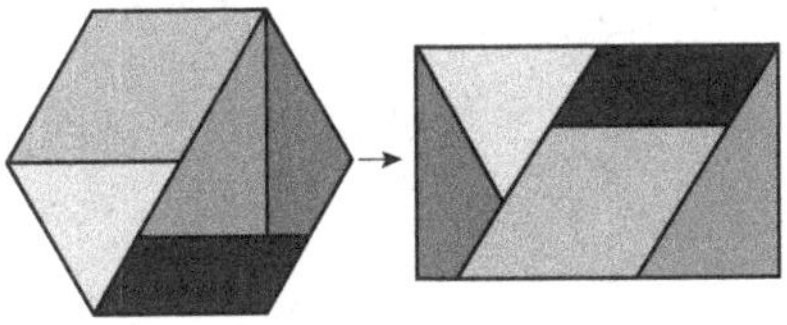

26.《铺地砖》答案

中间空下来的这部分，还需要 36 块这样的砖可以铺满（如图）。

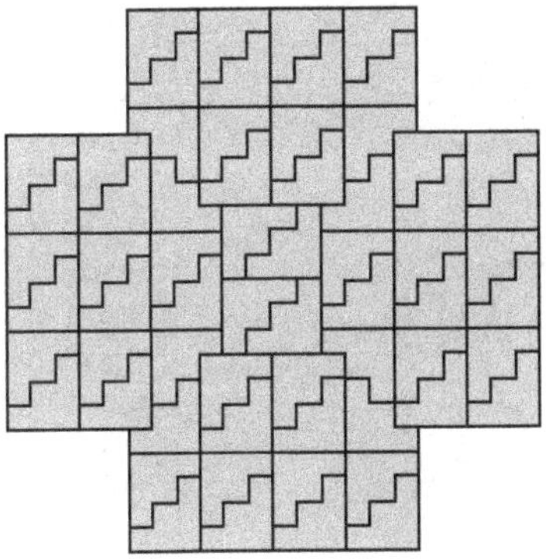

27.《七朵小花》答案

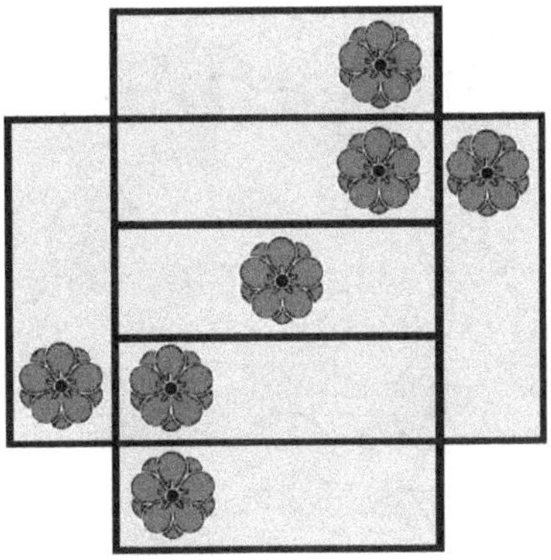

28.《七个数字》答案

如果说靠猜，一上来就去猜，你可能会靠运气取得成功。如果说能够根据算式的特点，进行运算，你将大大提高做出此题的速度。不管因数的空格内是几，都可以利用算式中给出的数字，算出积的后四位。

□776×76＝□□8976

余下的数字只有 3、4、5，根据估算也可以得出算式：

5776×76＝438976

29.《七角星》答案

共有 72 种不同的基本答案，它可以反转、旋转、镜像成为另外的答案。

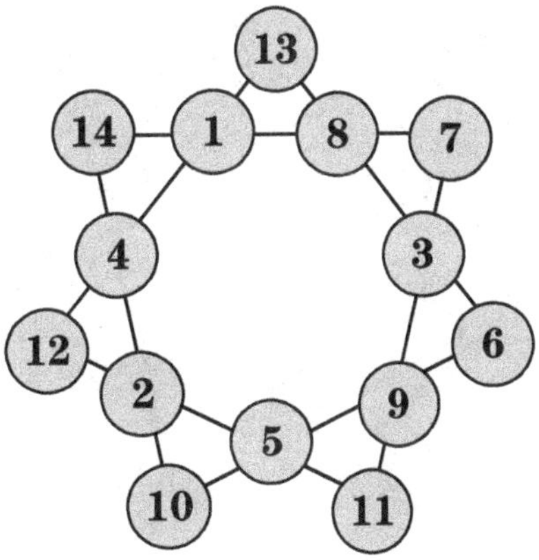

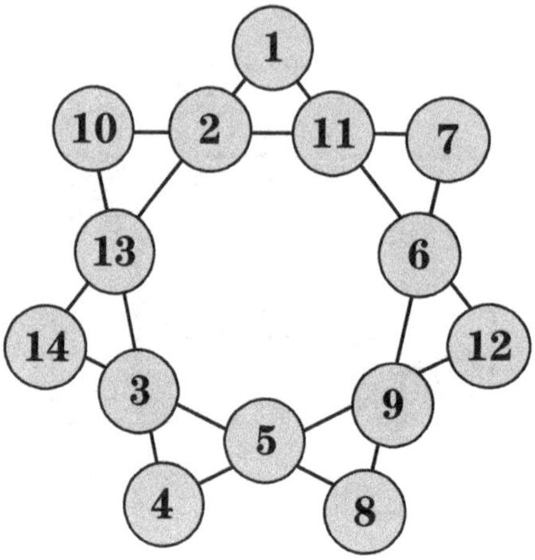
1
10
2
11
7
13
6
14
12
3
9
5
4
8

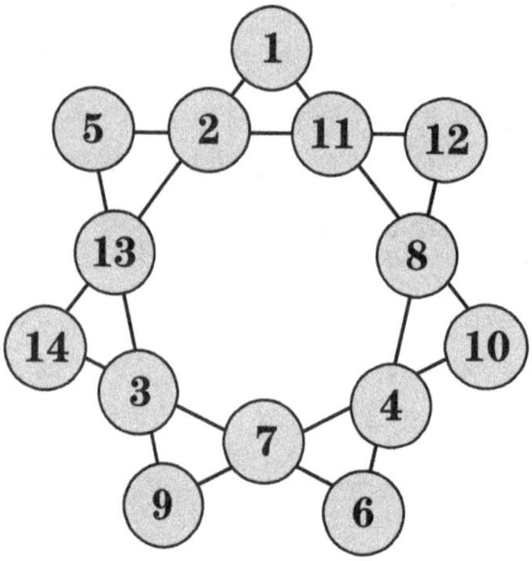
1
5
2
11
12
13
8
14
10
3
4
7
9
6

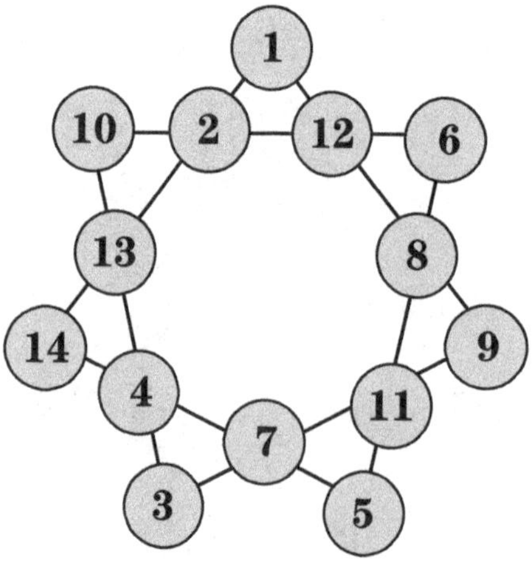
1
10
2
12
6
13
8
14
9
4
11
7
3
5

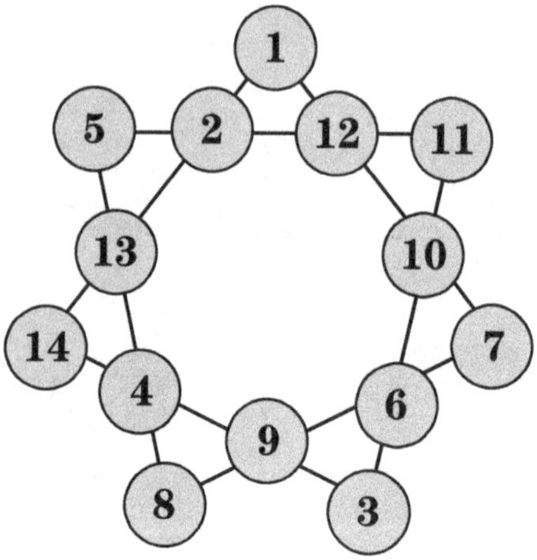
1
5
2
12
11
13
10
14
7
4
6
9
8
3

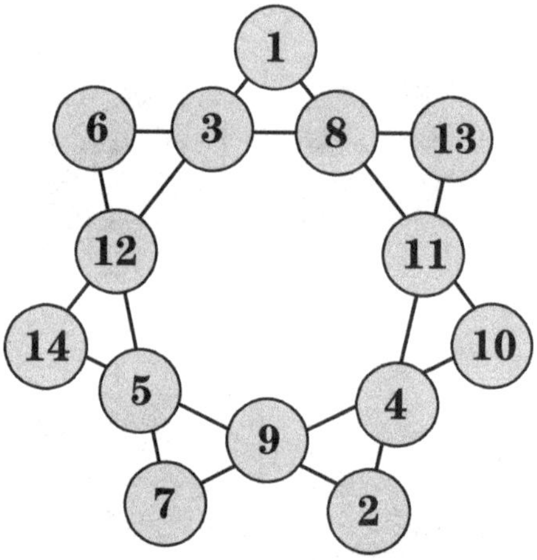
1
6
3
8
13
12
11
14
10
5
4
9
7
2

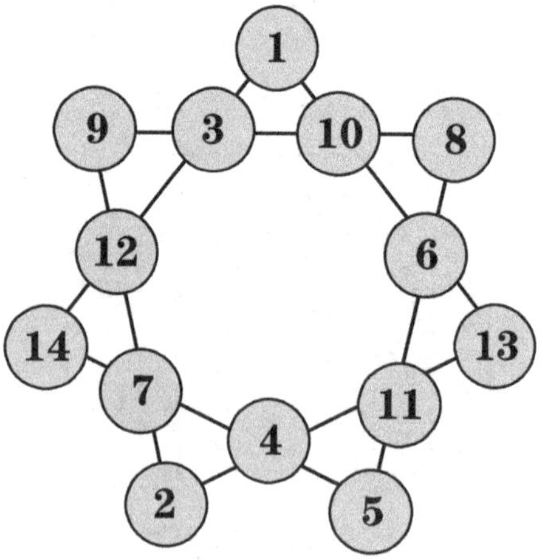
1
9
3
10
8
12
6
14
13
7
11
4
2
5

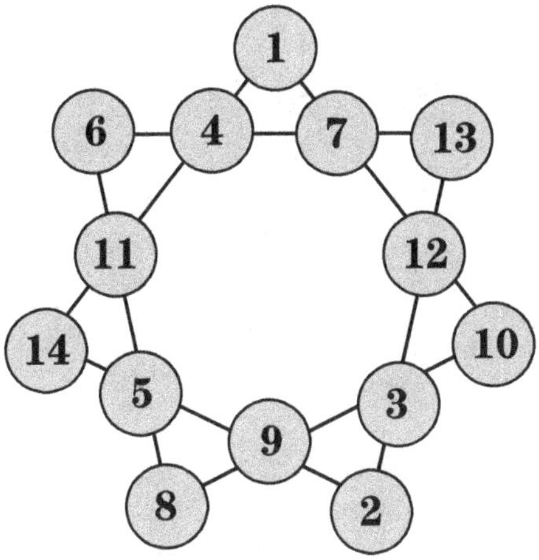
1
6
4
7
13
11
12
14
10
5
3
9
8
2

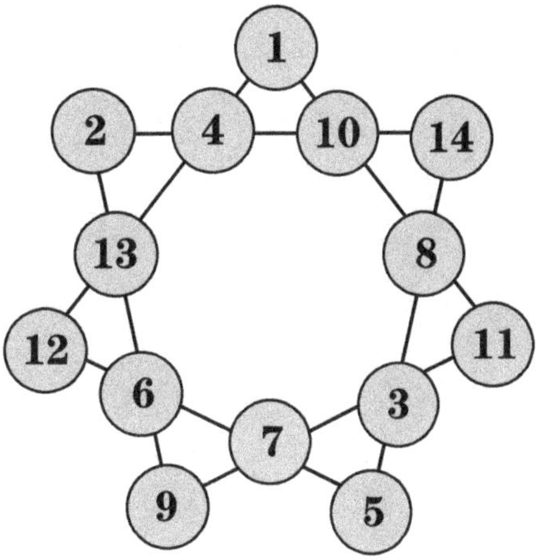
1
2
4
10
14
13
8
12
11
6
3
7
9
5

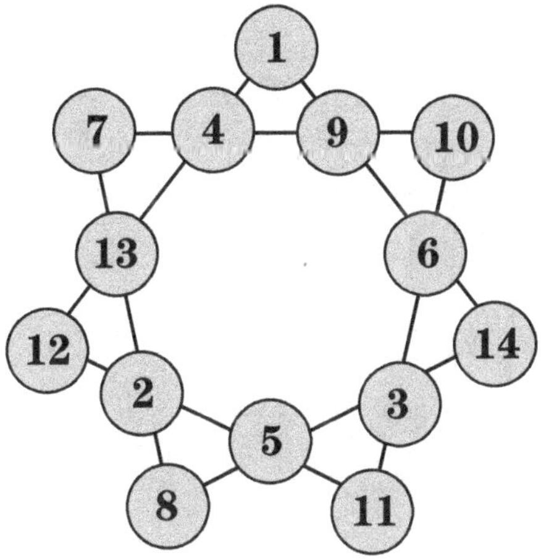
1
7
4
9
10
13
6
12
14
2
3
5
8
11

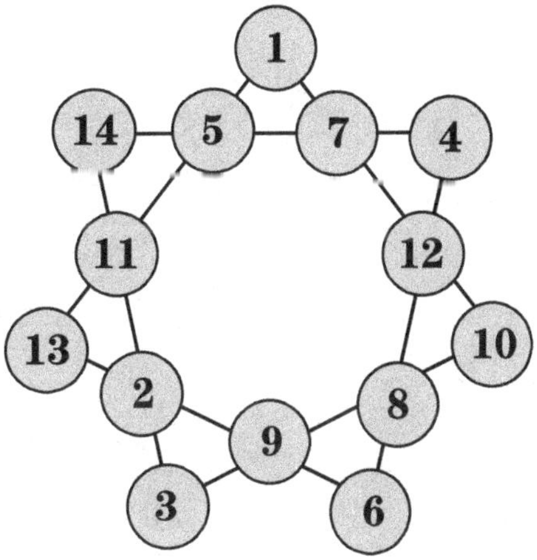
1
14
5
7
4
11
12
13
10
2
8
9
3
6

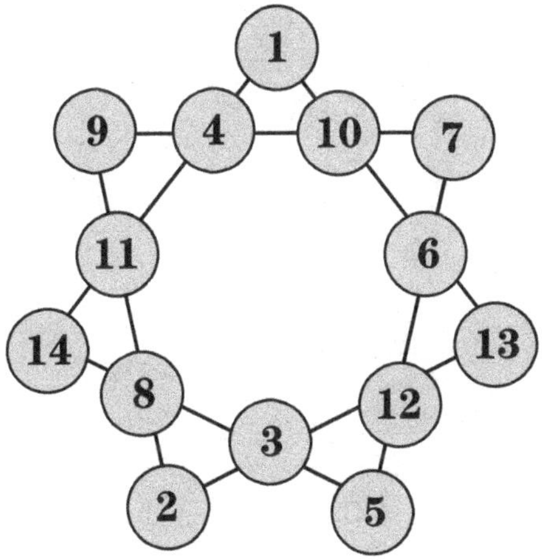
1
9
4
10
7
11
6
14
13
8
12
3
2
5

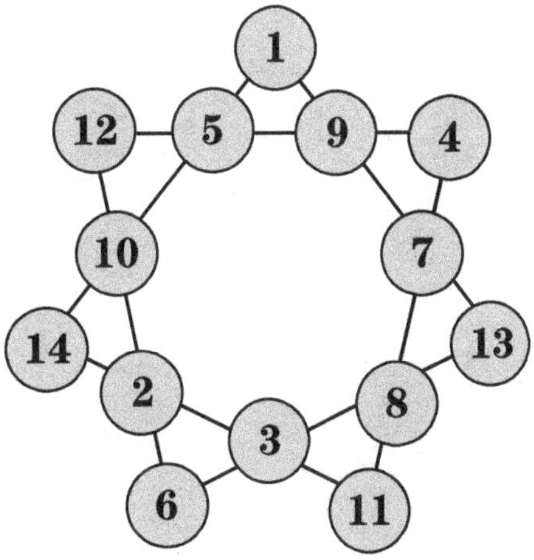
1
12
5
9
4
10
7
14
13
2
8
3
6
11

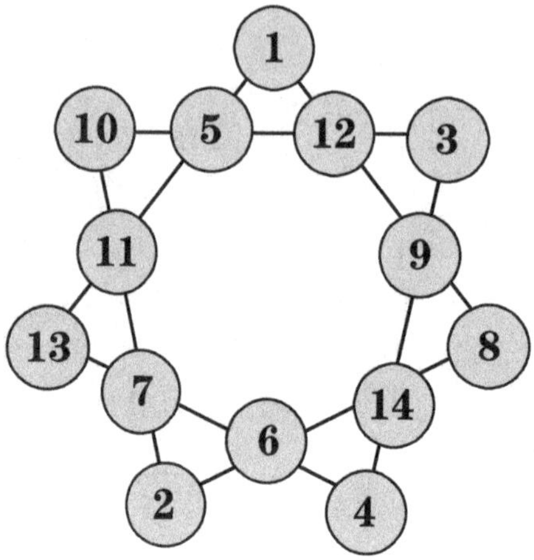
1
10
5
12
3
11
9
13
8
7
14
6
2
4

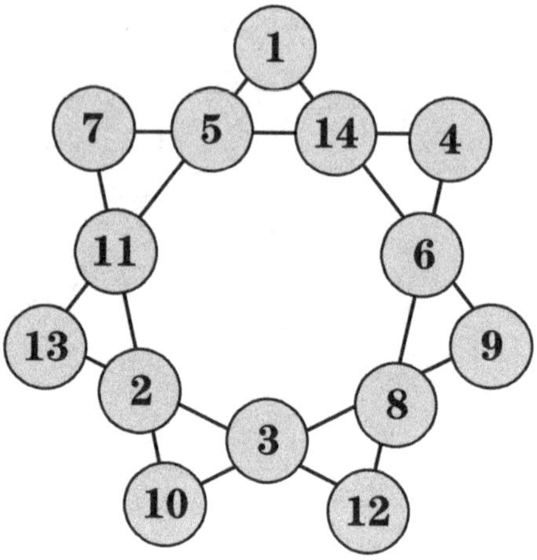
1
7
5
14
4
11
6
13
9
2
8
3
10
12

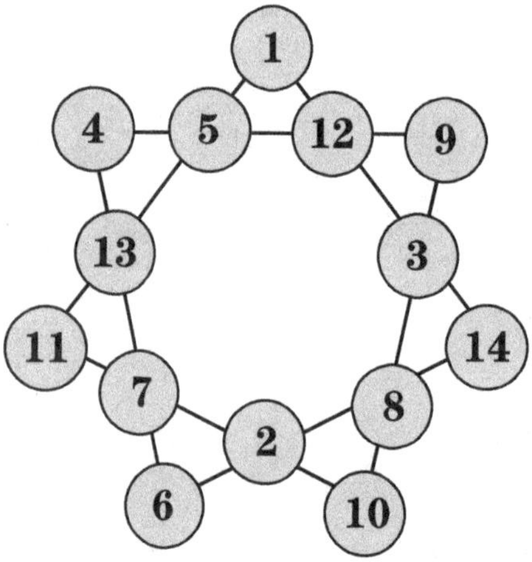
1
4
5
12
9
13
3
11
14
7
8
2
6
10

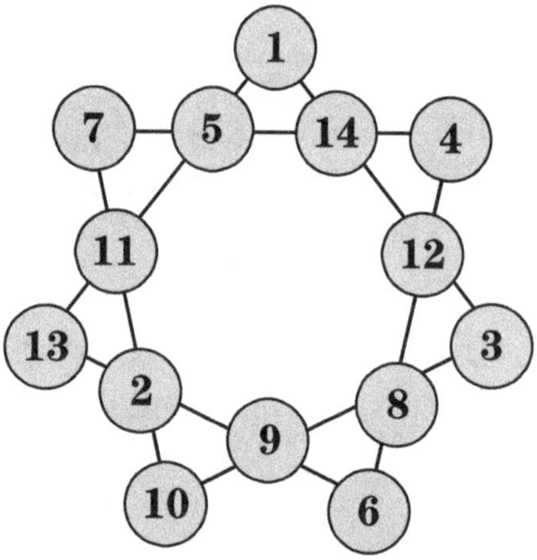
1
7
5
14
4
11
12
13
3
2
8
9
10
6

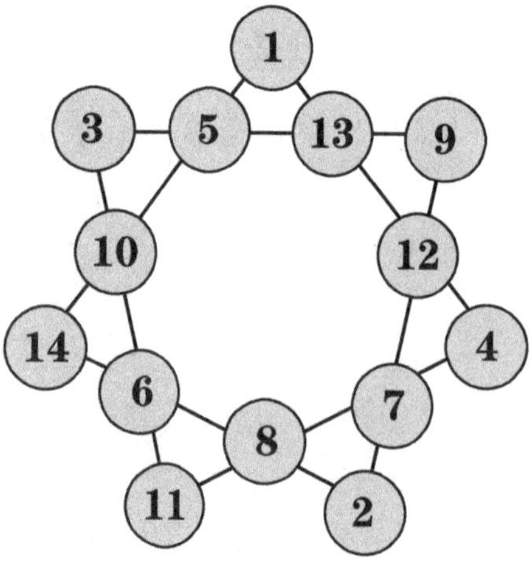
1
3
5
13
9
10
12
14
4
6
7
8
11
2

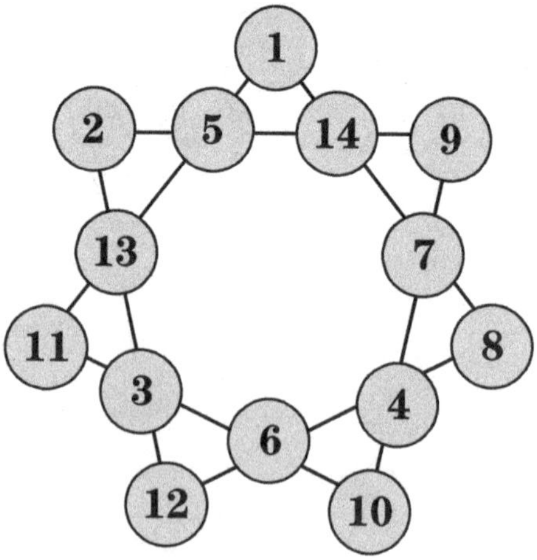
1
2
5
14
9
13
7
11
8
3
4
6
12
10

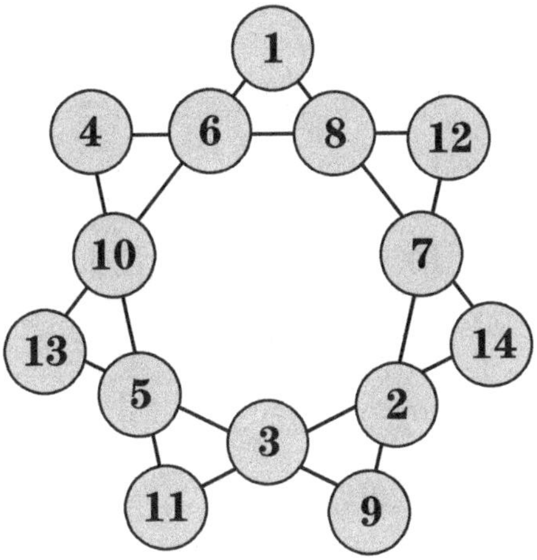
1
4
6
8
12
10
7
13
14
5
2
3
11
9

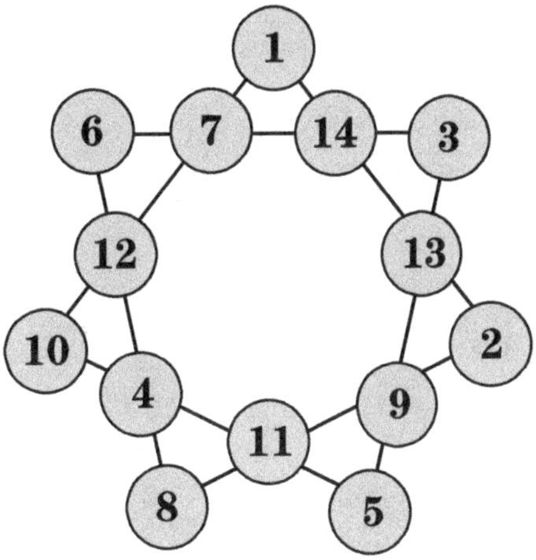
1
6
7
14
3
12
13
10
2
4
9
11
8
5

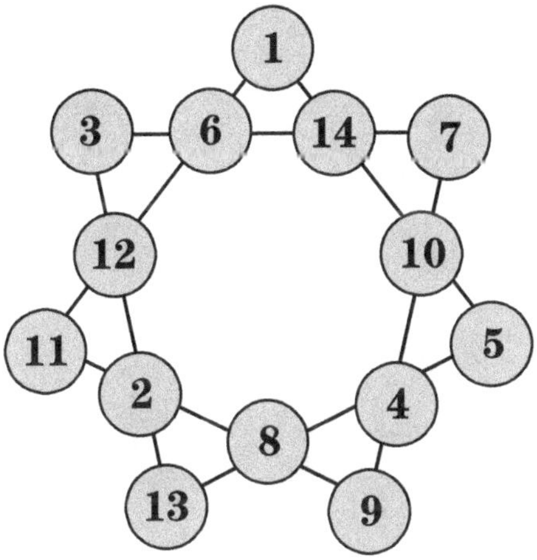
1
3
6
14
7
12
10
11
5
2
4
8
13
9

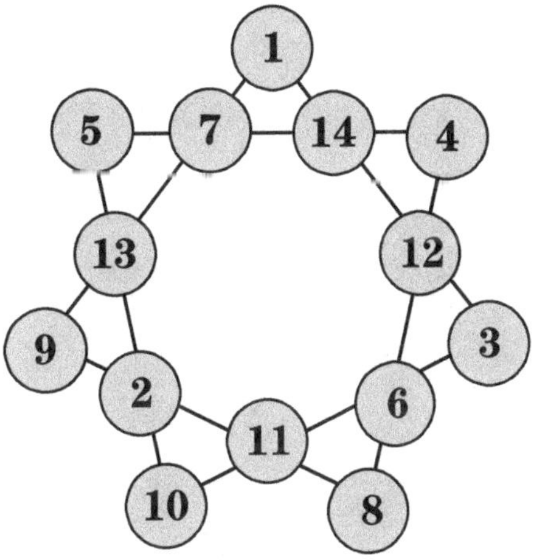
1
5
7
14
4
13
12
9
3
2
6
11
10
8

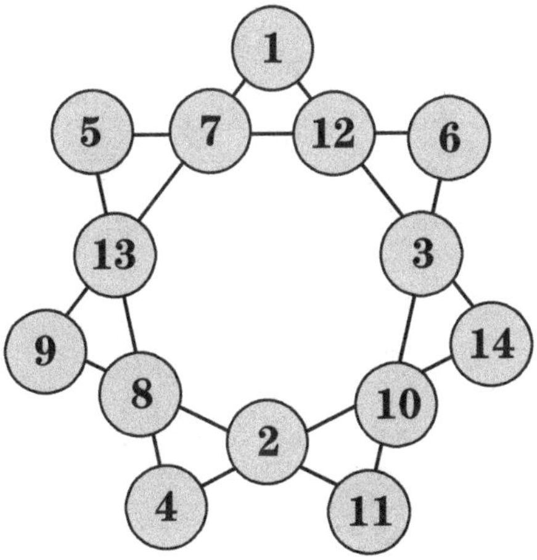
1
5
7
12
6
13
3
9
14
8
10
2
4
11

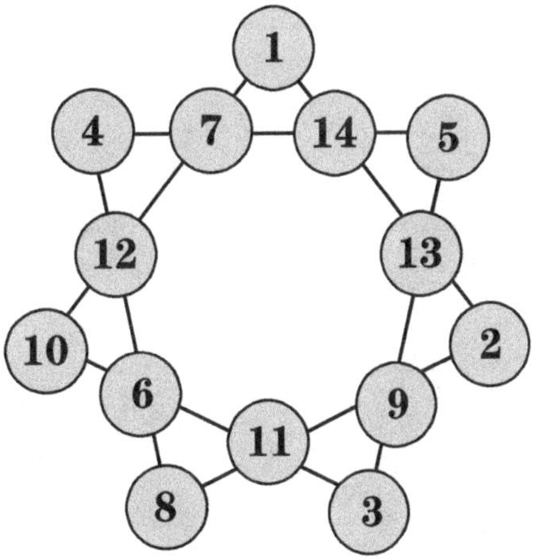
1
4
7
14
5
12
13
10
2
6
9
11
8
3

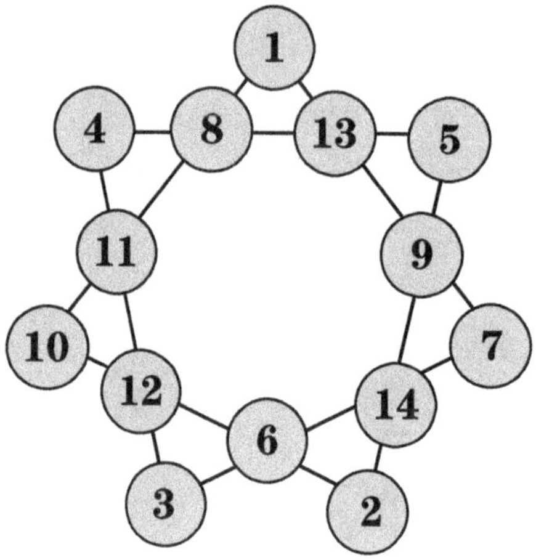
1
4
8
13
5
11
9
10
7
12
14
6
3
2

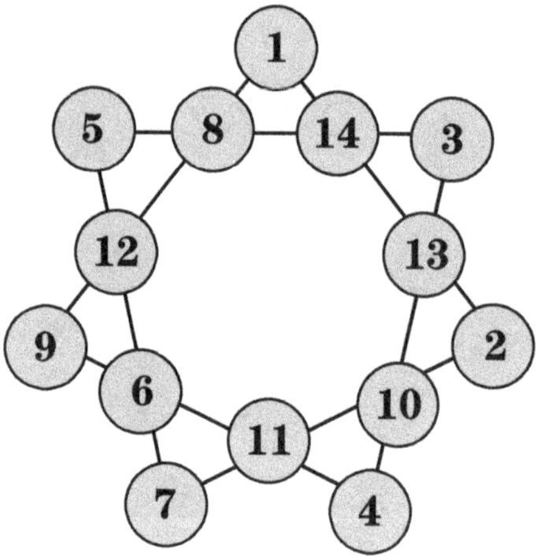
1
5
8
14
3
12
13
9
2
6
10
11
7
4

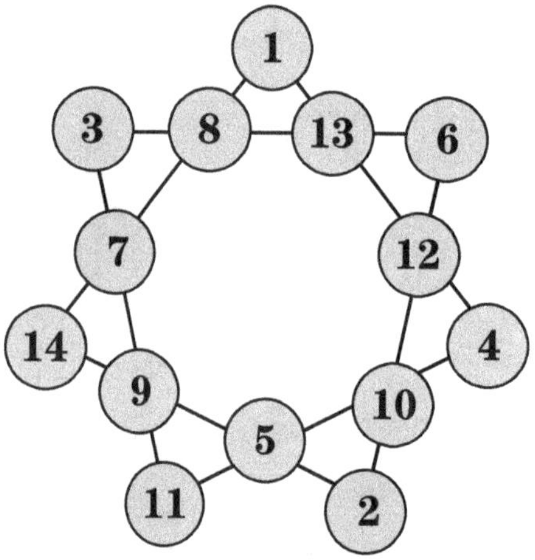
1
3
8
13
6
7
12
14
4
9
10
5
11
2

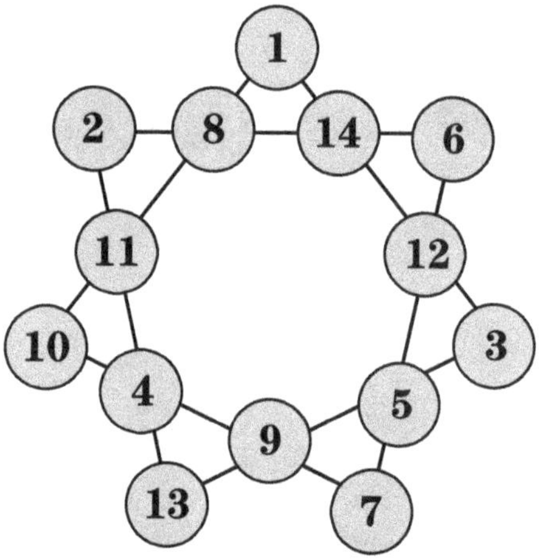
1
2
8
14
6
11
12
10
3
4
5
9
13
7

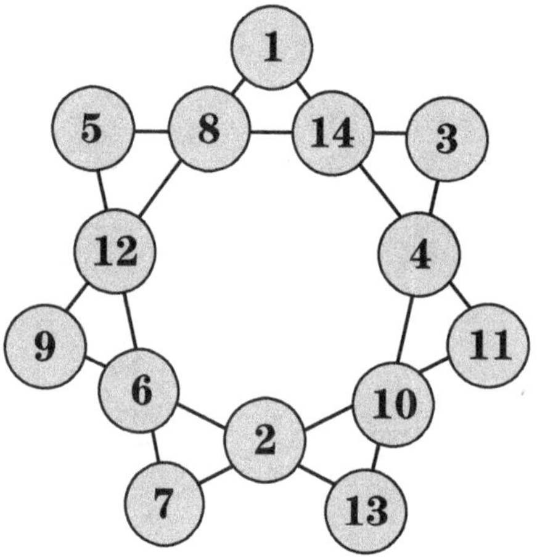
1
5
8
14
3
12
4
9
11
6
10
2
7
13

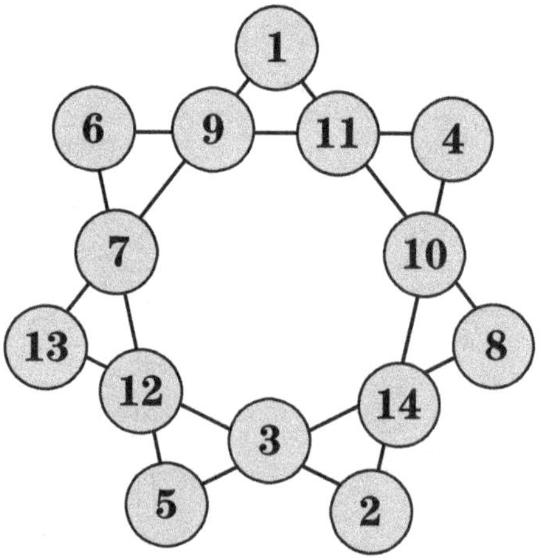
1
6
9
11
4
7
10
13
8
12
14
3
5
2

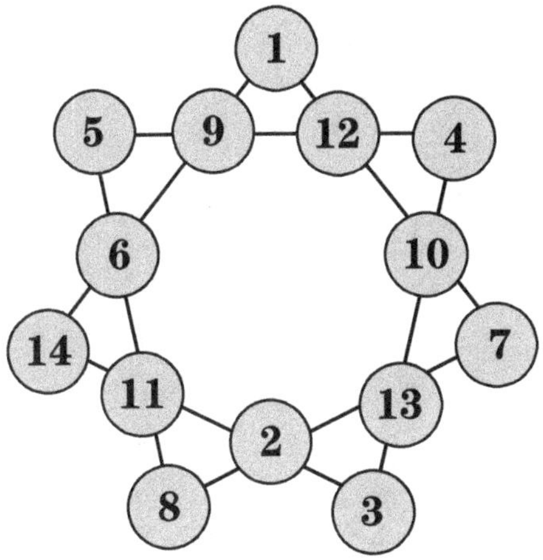
1
5
9
12
4
6
10
14
7
11
13
2
8
3

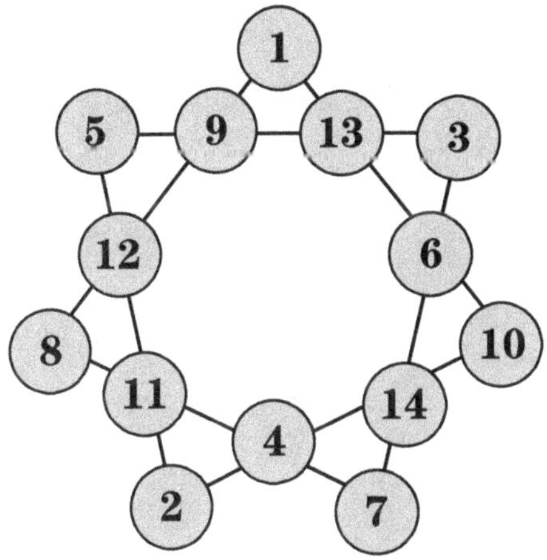
1
5
9
13
3
12
6
8
10
11
14
4
2
7

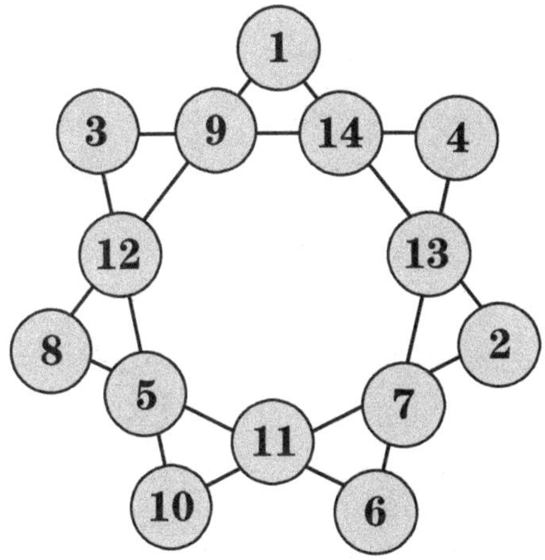
1
3
9
14
4
12
13
8
2
5
7
11
10
6

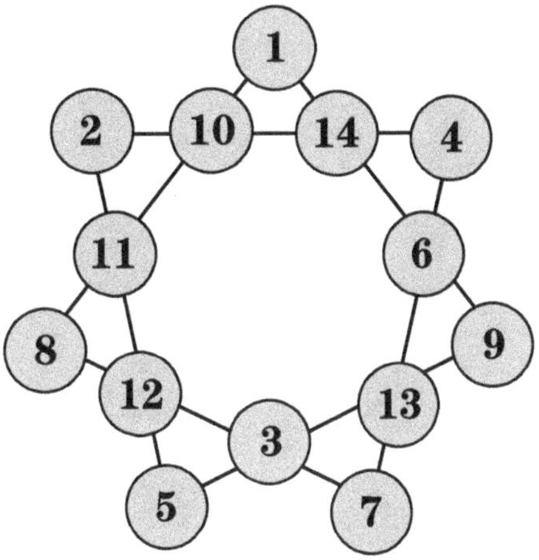
1
2
10
14
4
11
6
8
9
12
13
3
5
7

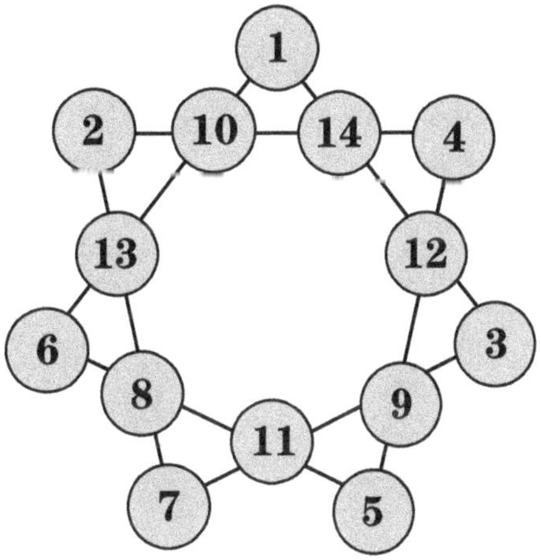
1
2
10
14
4
13
12
6
3
8
9
11
7
5

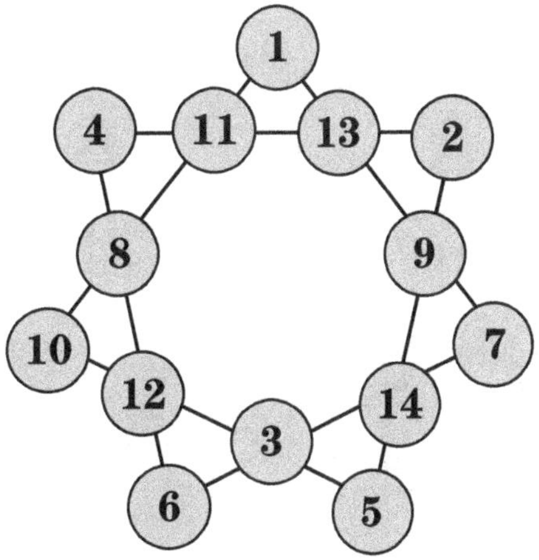
1
4
11
13
2
8
9
10
7
12
14
3
6
5

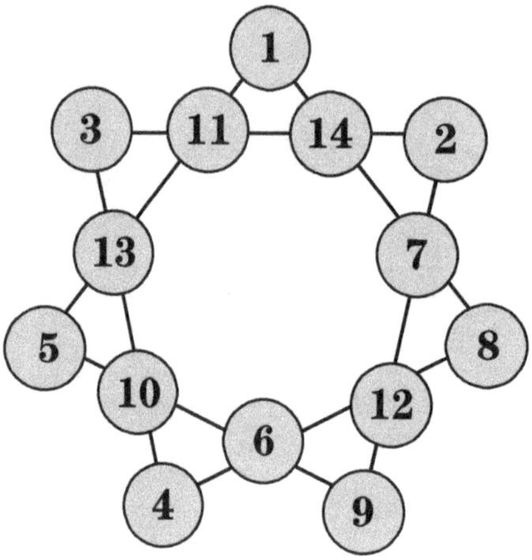
1
3
11
14
2
13
7
5
8
10
12
6
4
9

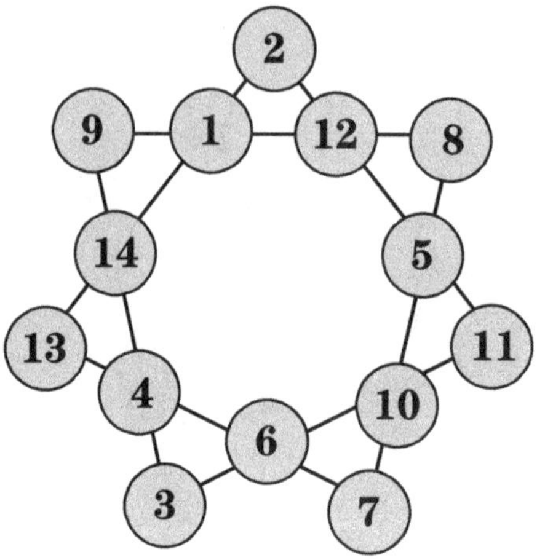
2
9
1
12
8
14
5
13
11
4
10
6
3
7

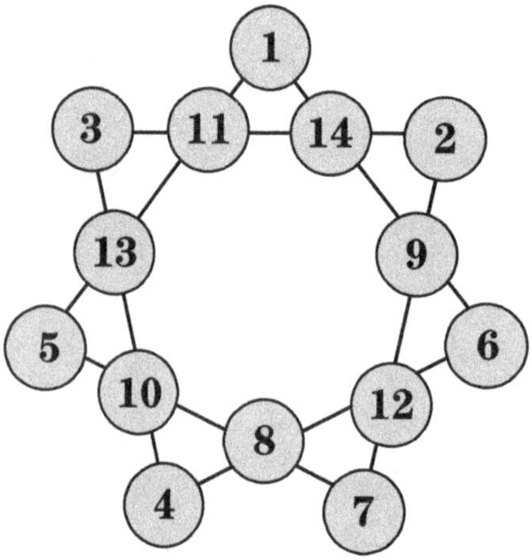
1
3
11
14
2
13
9
5
6
10
12
8
4
7

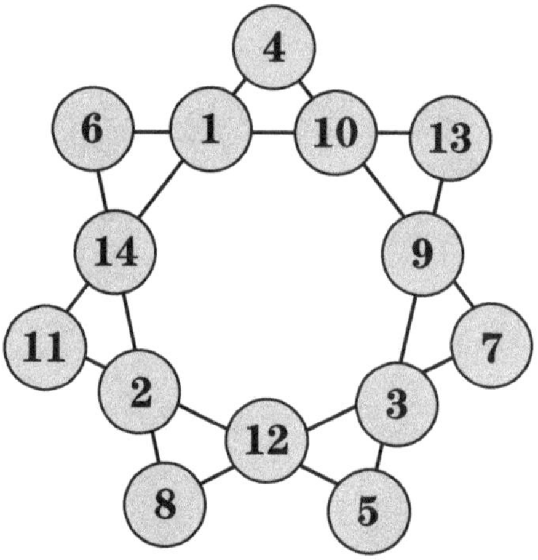
4
6
1
10
13
14
9
11
7
2
3
12
8
5

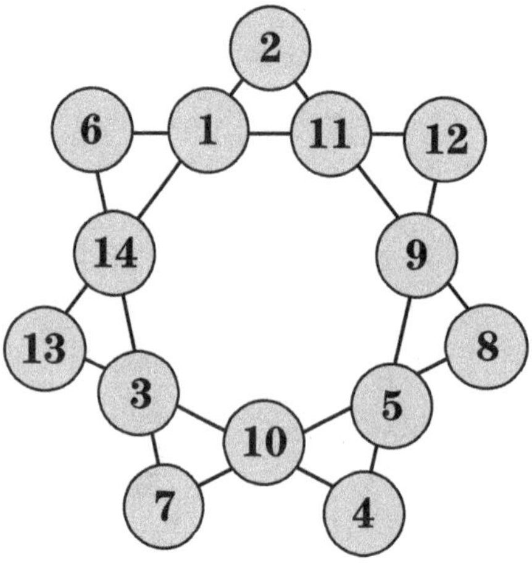
2
6
1
11
12
14
9
13
8
3
5
10
7
4

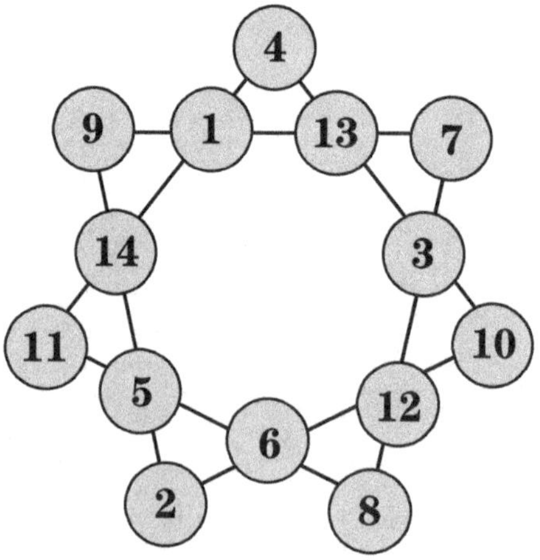
4
9
1
13
7
14
3
11
10
5
12
6
2
8

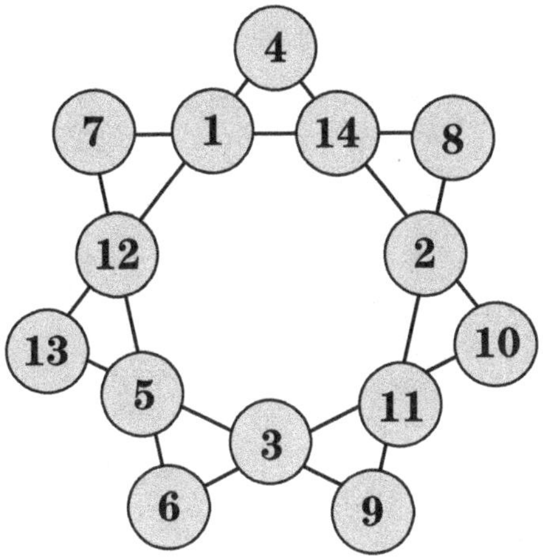
4
7 1 14 8
12 2
13 10
5 11
3
6 9

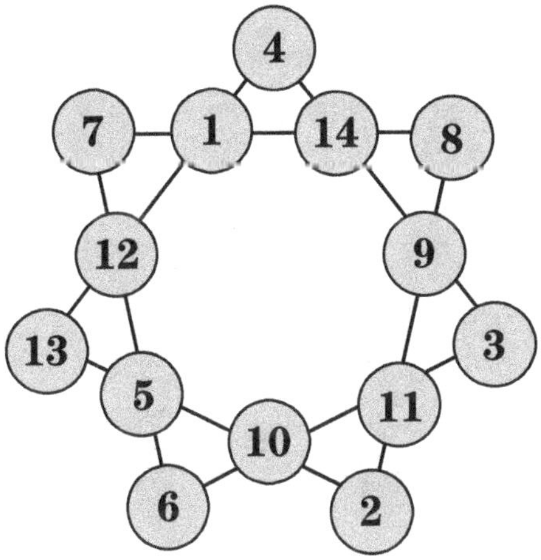
4
7 1 14 8
12 9
13 3
5 11
10
6 2

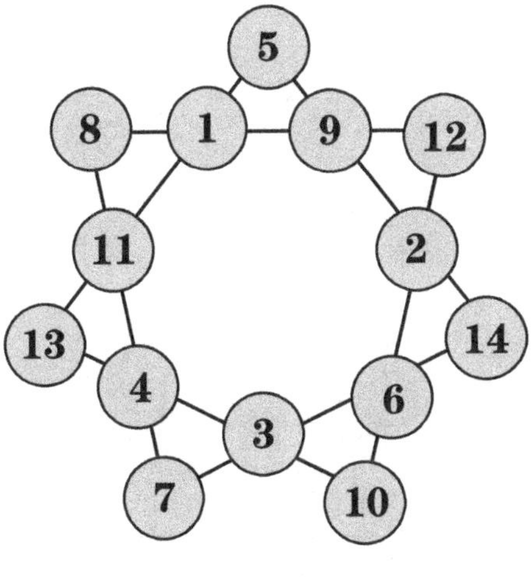
5
8 1 9 12
11 2
13 14
4 6
3
7 10

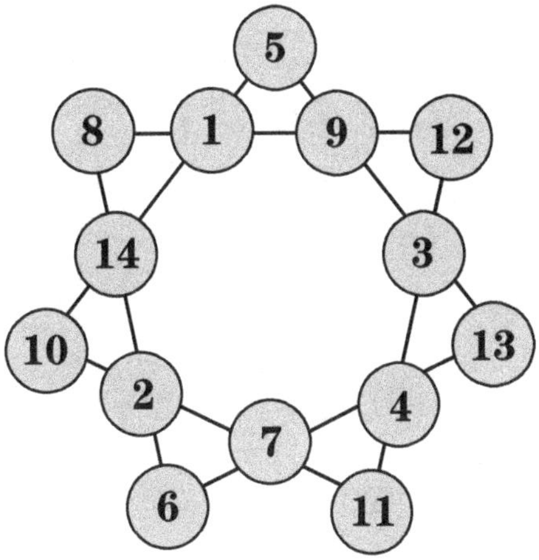
5
8 1 9 12
14 3
10 13
2 4
7
6 11

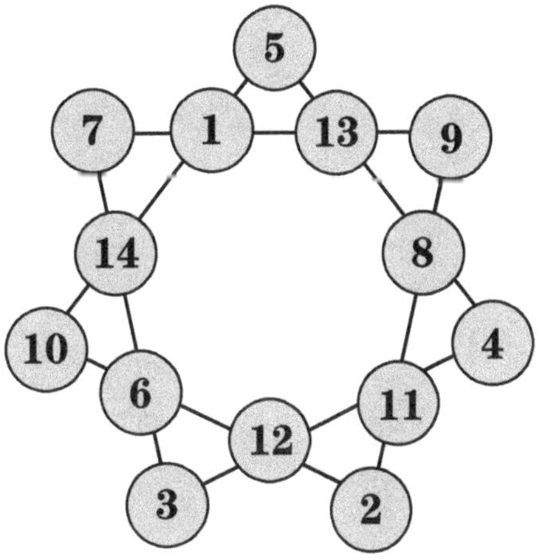
5
7 1 13 9
14 8
10 4
6 11
12
3 2

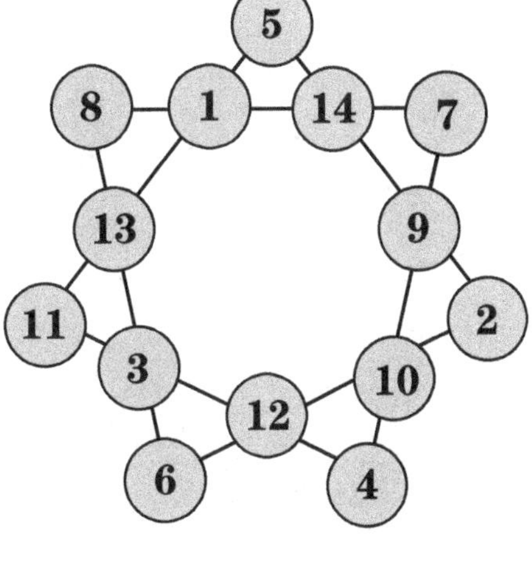
5
8 1 14 7
13 9
11 2
3 10
12
6 4

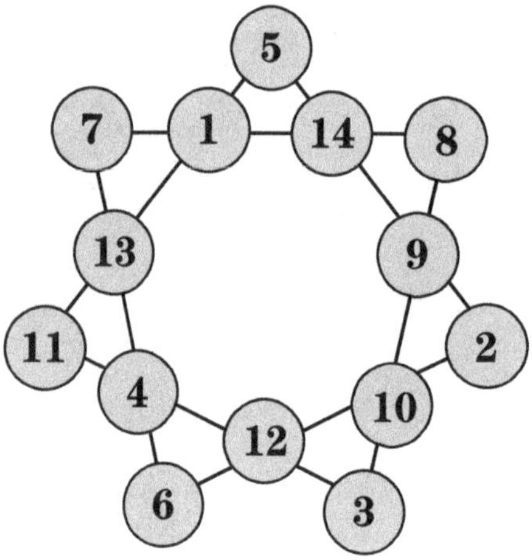
5
7
1
14
8
13
9
11
2
4
10
12
6
3

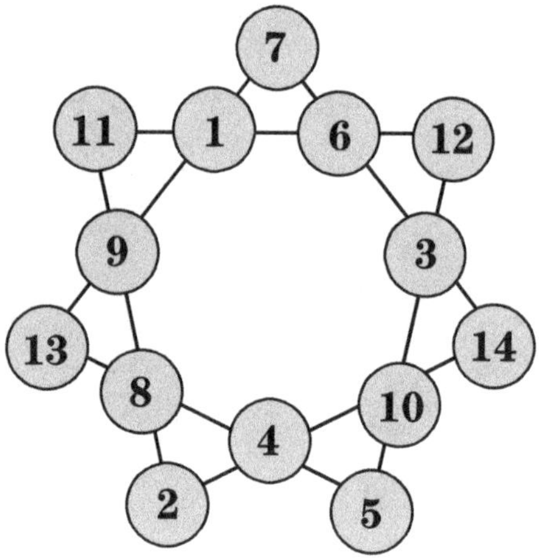
7
11
1
6
12
9
3
13
14
8
10
4
2
5

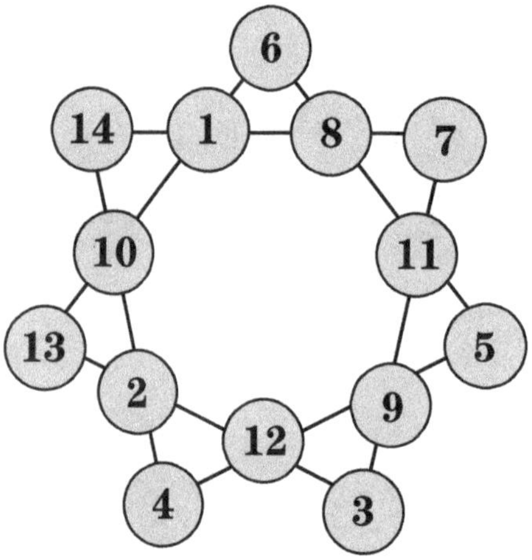
6
14
1
8
7
10
11
13
5
2
9
12
4
3

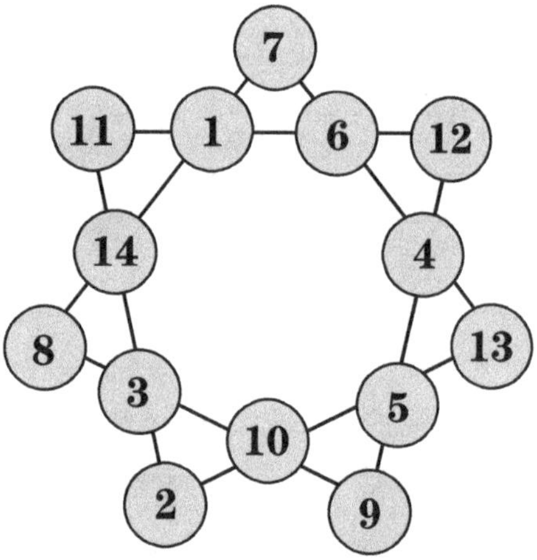
7
11
1
6
12
14
4
8
13
3
5
10
2
9

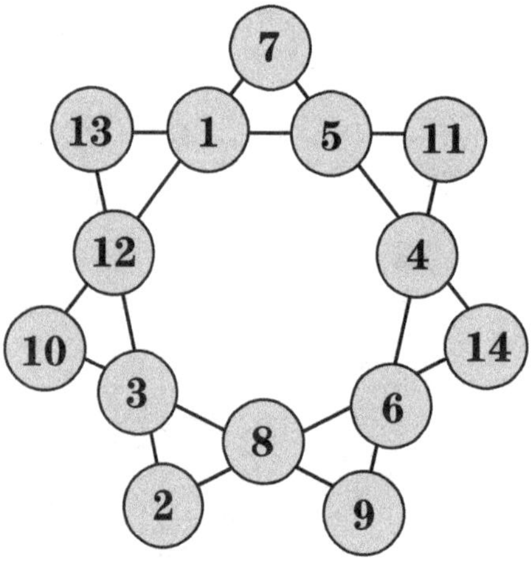
7
13
1
5
11
12
4
10
14
3
6
8
2
9

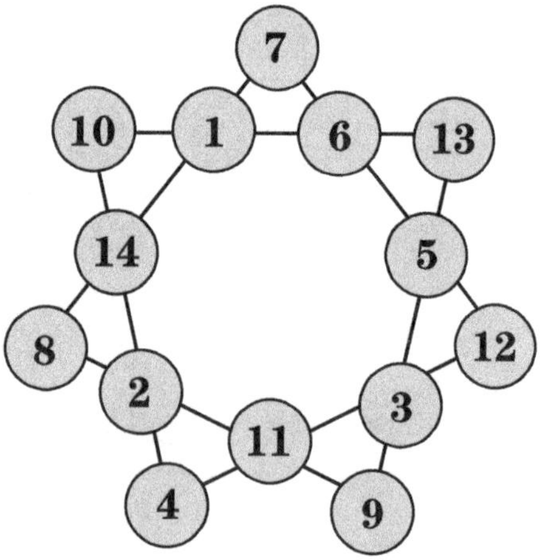
7
10
1
6
13
14
5
8
12
2
3
11
4
9

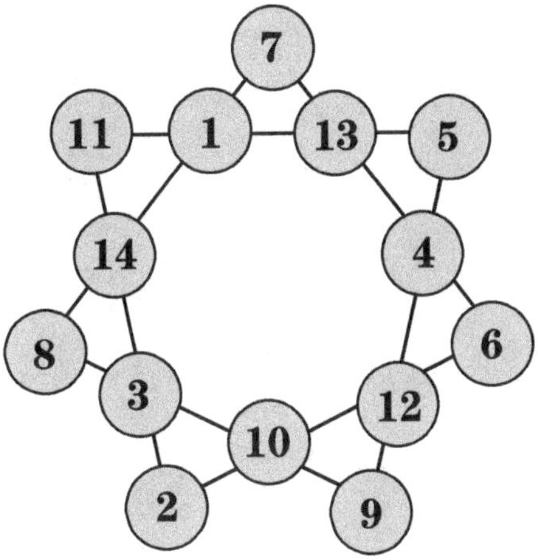
7
11
1
13
5
14
4
8
6
3
12
10
2
9

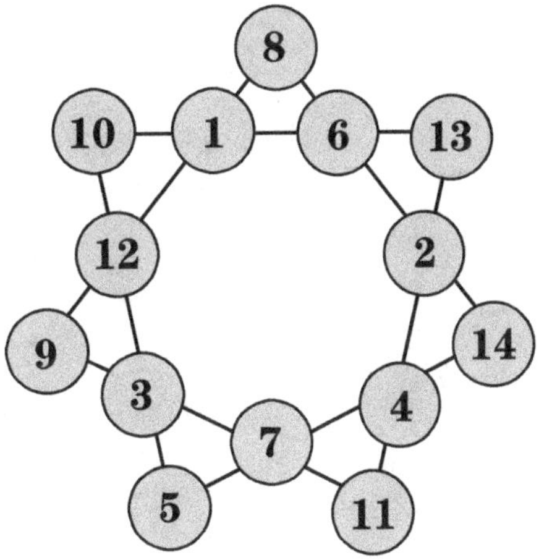
8
10
1
6
13
12
2
9
14
3
4
7
5
11

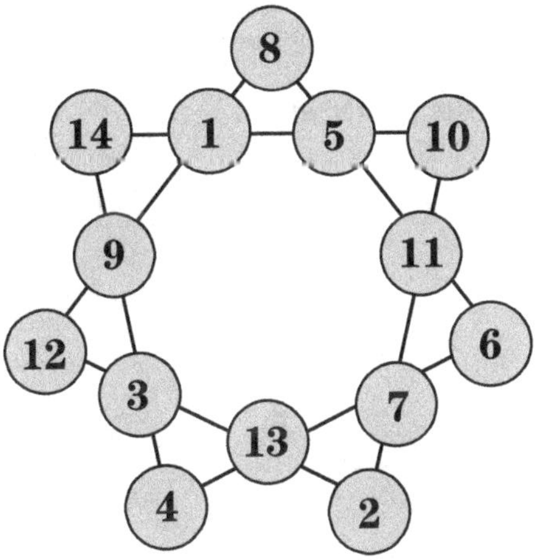
8
14
1
5
10
9
11
12
6
3
7
13
4
2

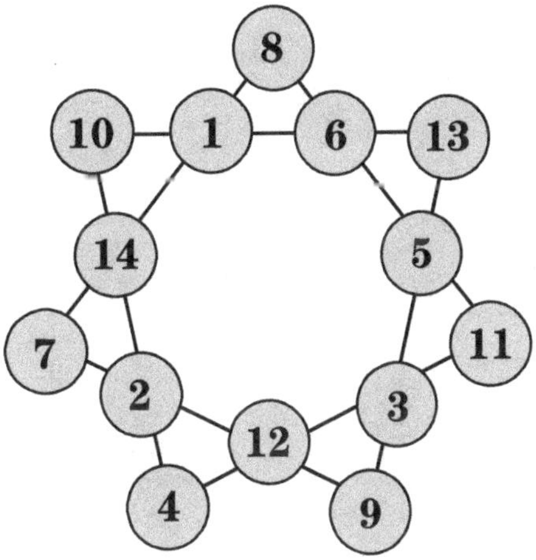
8
10
1
6
13
14
5
7
11
2
3
12
4
9

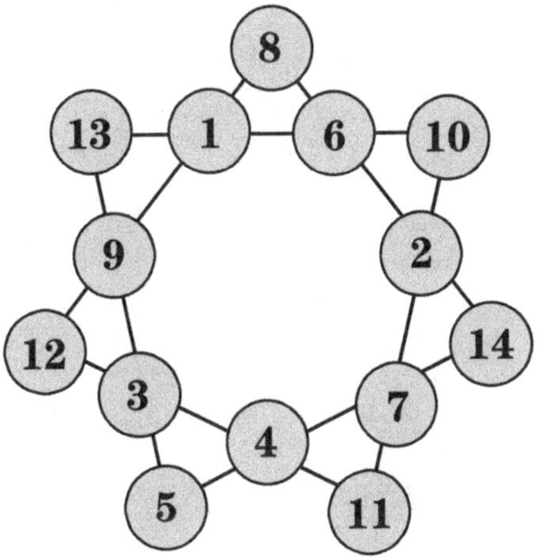
8
13
1
6
10
9
2
12
14
3
7
4
5
11

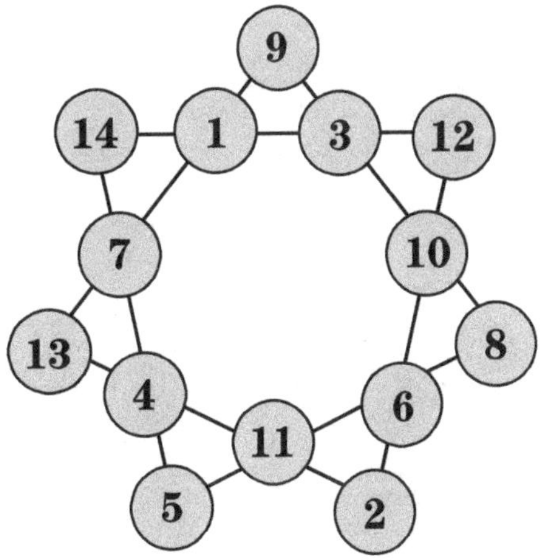
9
14
1
3
12
7
10
13
8
4
6
11
5
2

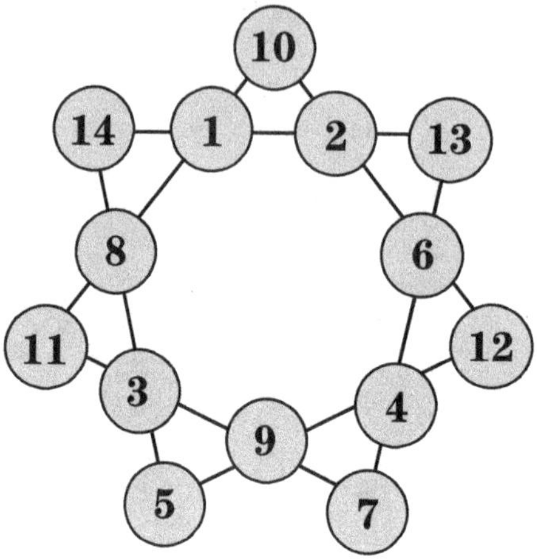
10
14
1
2
13
8
6
11
12
3
4
9
5
7

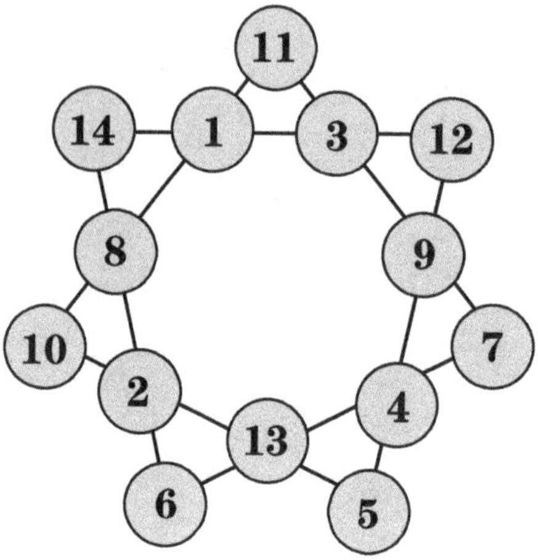
11
14
1
3
12
8
9
10
7
2
4
13
6
5

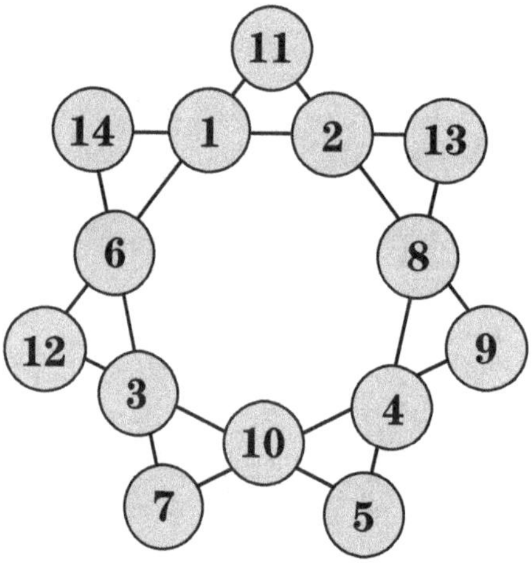
11
14
1
2
13
6
8
12
9
3
4
10
7
5

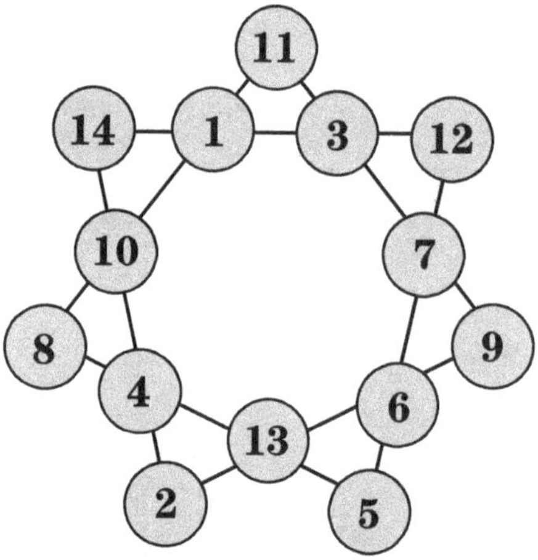
11
14
1
3
12
10
7
8
9
4
6
13
2
5

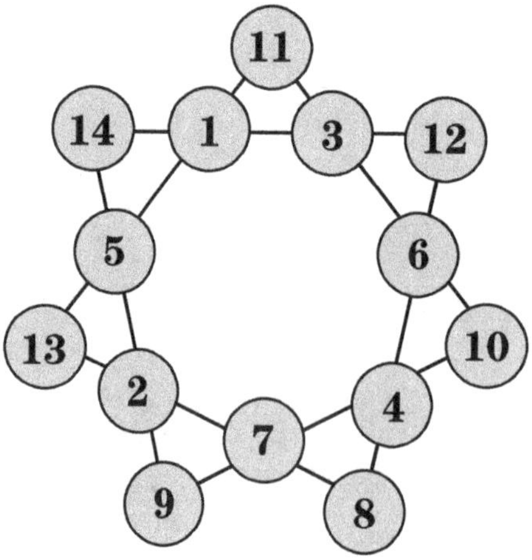
11
14
1
3
12
5
6
13
10
2
4
7
9
8

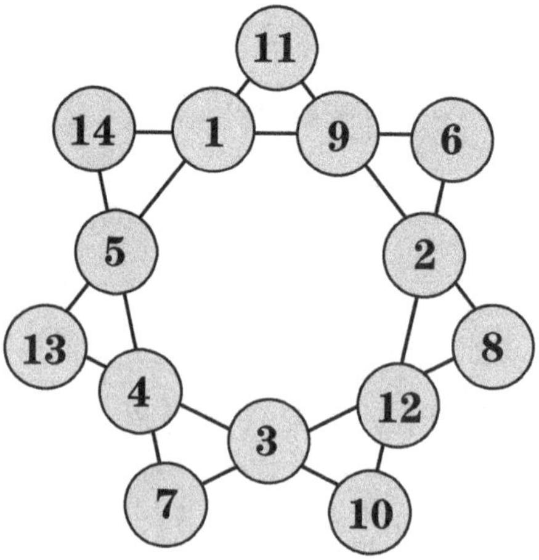
11
14
1
9
6
5
2
13
8
4
12
3
7
10

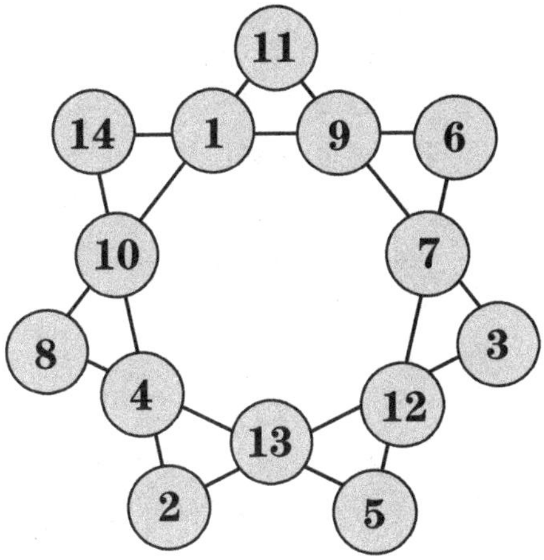

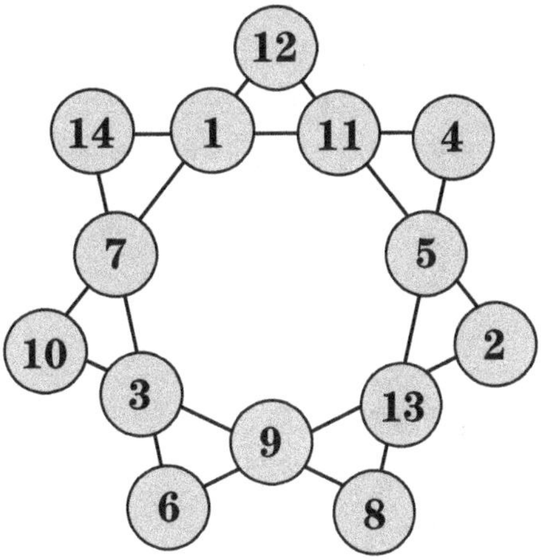

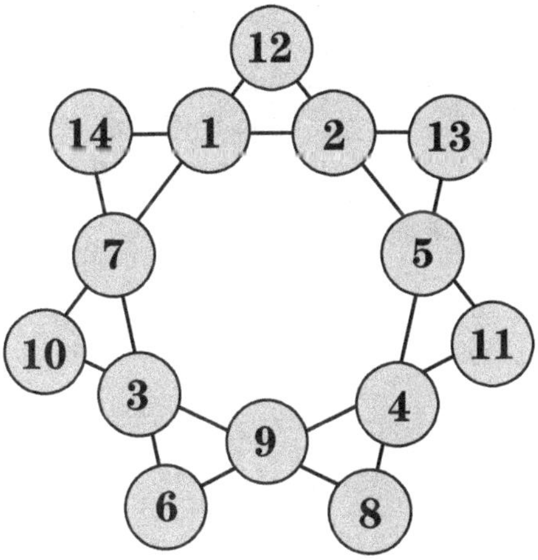

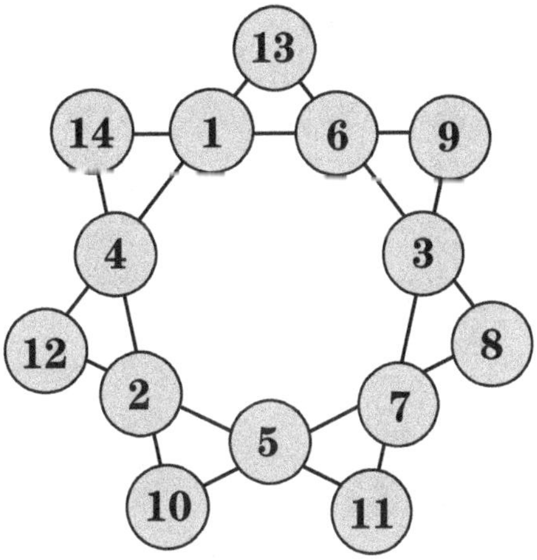

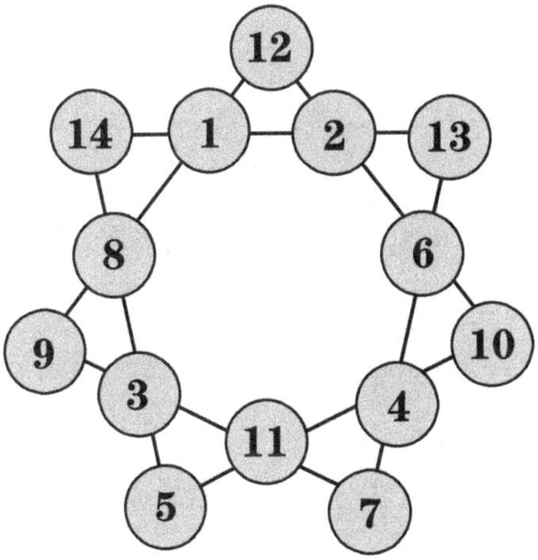

30.《七巧数独》答案

7	1	2	6	5	3	4
5	4	1	3	2	7	6
4	6	5	7	3	2	1
3	2	7	4	1	6	5
6	7	3	1	4	5	2
1	5	6	2	7	4	3
2	3	4	5	6	1	7

31.《七数填空》答案

36×27÷54=18，

17×56÷34=28，

16×57÷24=38。

或

27×36÷54=18，

56×17÷34=28，

57×16÷24=38。

三、奇奇怪怪

32.《奇妙插数》答案

在算式中“5”和“3”中间，添入相同个数的9，得数则在“2”和“6”中间出现相同个数的9：

653÷2=326.5

6593÷2=3296.5

65993÷2=32996.5

659993÷2=329996.5

6599993÷2=3299996.5

65999993÷2=32999996.5

……

你还有其他的添法吗？

33.《奇妙的4》答案

$(2^{3})-(4^{1})=4$

34.《奇妙的算式》答案

64÷80×75−21=39

75÷80×64−21=39

35.《奇妙三角》答案

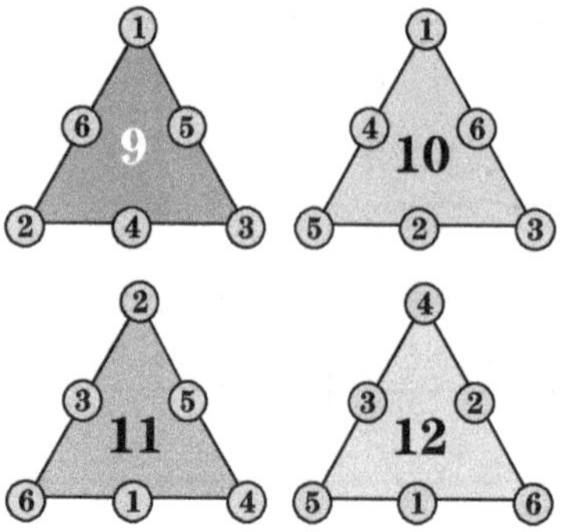

36.《奇偶站队》答案

其实，这两道算式实际上就是一道。

163704×8295=1357924680

37.《奇数奇式》答案

通过试填，可以找到如下答案。

78×56÷12+30−94=300

78×96÷12+30−54=600

58×96÷12+70−34=500

38.《奇数趣式》答案

在乘法中未知的，在除法中变成已知，也就是乘法是知道两个因数求积，而除法与此相反，是知道积和其中一个因数求另一个因数，所以除法是乘法的逆运算。

其中一位数的因数都是已知的，又知道了它们的积，求另一个因数就变得非常简单了。

(1) 352×4=1408

176×8=1408

(2) 712×4=2848

356×8=2848

(3) 712×6=4272

534×8=4272

39.《巧得39》答案

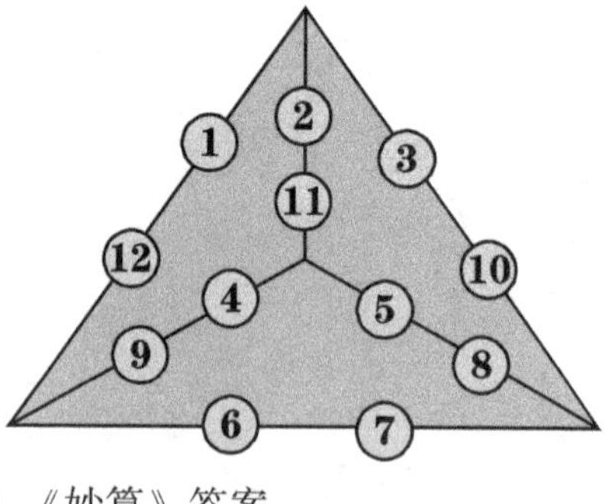

40.《妙算》答案

知道了积和一个因数，求另一个因数的问题一定难不倒你。

4678352×19=88888688

41.《明察秋毫》答案

不翻转使用任何一块，它是由C剪拼成的。

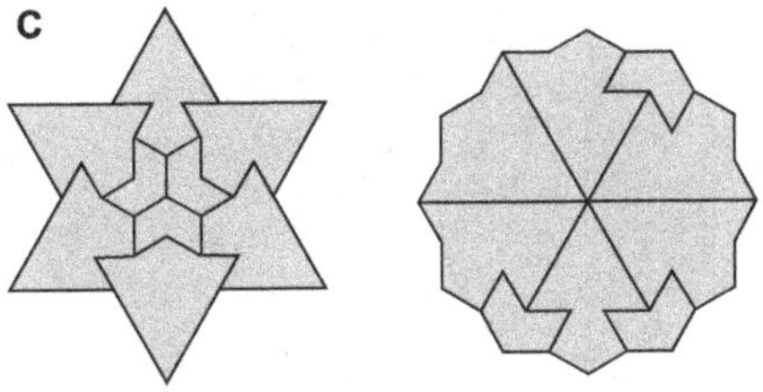

42.《冰山一角》答案

如图。

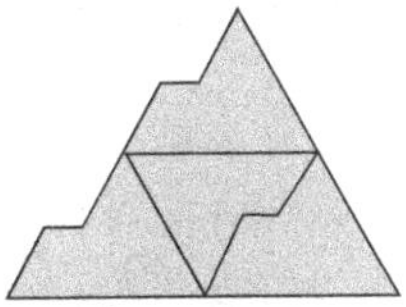

43.《偶数趣填》答案

由乘法是除法的逆运算考虑，可以从个位上的数字推测，不难看出有2×6=12和4×8=32两种，故一位的除数有可能是2、4、6、8中的任何一个。

可以通过估算，这个一位数如果为2，很显然得数为11056五位数，而要想使空格内填入给出的数字，要统筹安排。从极值考虑，不能为2，那么能不能为8呢？通过验算不难发现，它就是要求出的答案。

22112÷8=2764

44.《拼“马”》答案

（1）

（2）

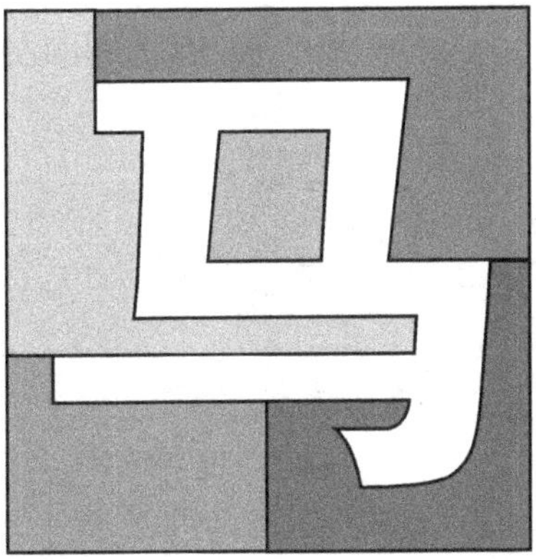

45.《拼长方形成汉字》答案

呵呵，题目已经告诉你了，拼成含有一“个”汉字的长方形。拼成含有汉字“个”的长方形。

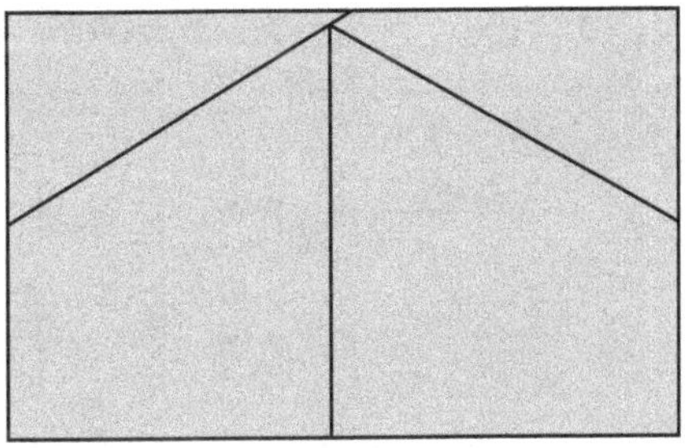

46.《拼方成字母》答案

拼成含有字母“K”的正方形。

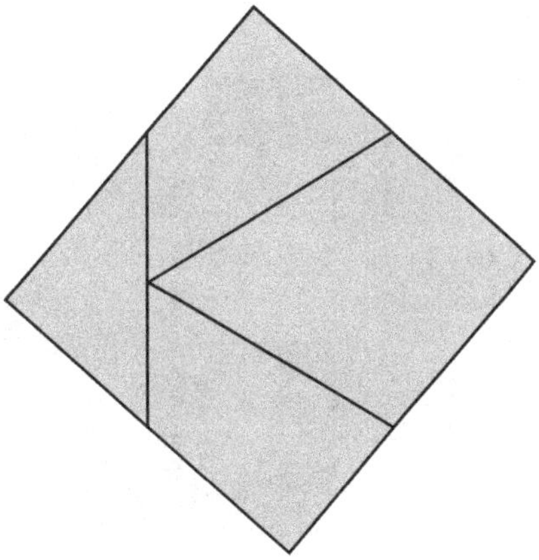

47.《拼六边形》答案

如果一说六边形，你只有正六边形一种选择，那你真的很难完成了。

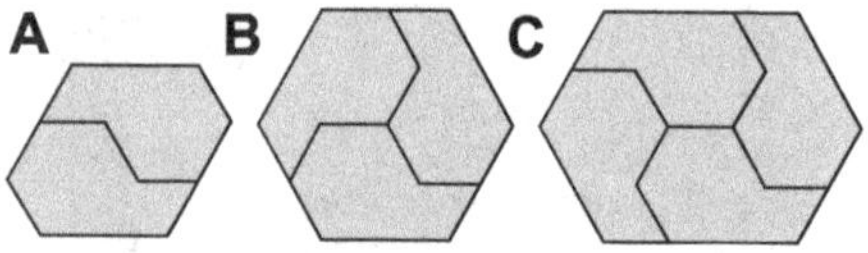

48.《拼图考眼力》答案

你的第一反应可能是一样多，呵呵，错了，用到的B种拼板多。

A种拼板8块，B种拼板12块。

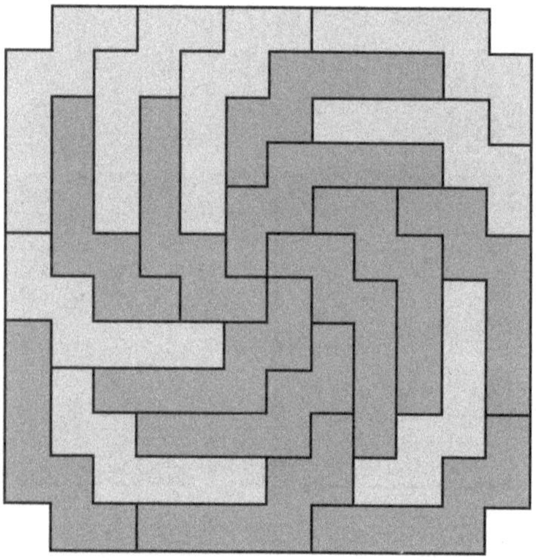

四、巧填趣分

49.《巧妙涂色》答案

50.《巧妙填数》答案

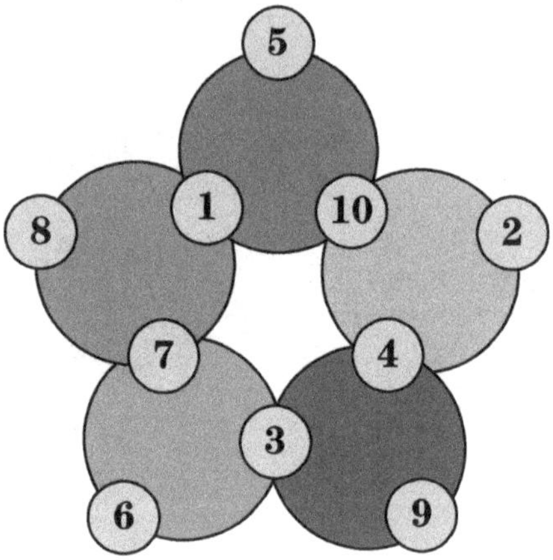

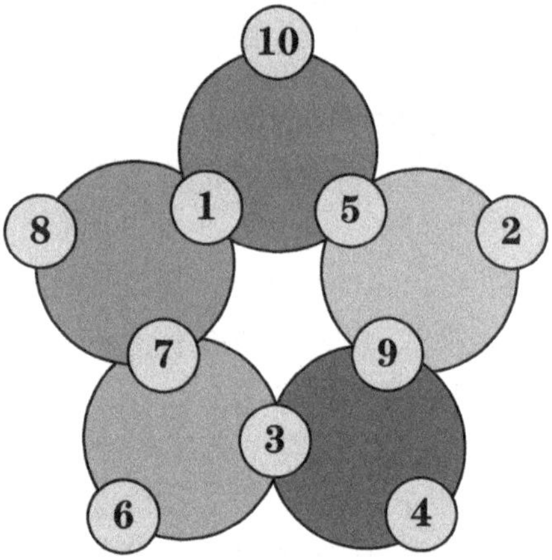

51.《巧妙四环》答案

如图。

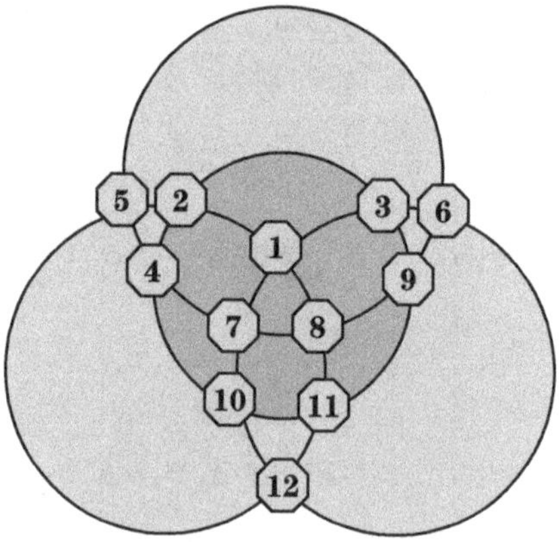

52.《巧分笑脸》答案

53.《巧分苹果》答案

54.《巧分妙组》答案

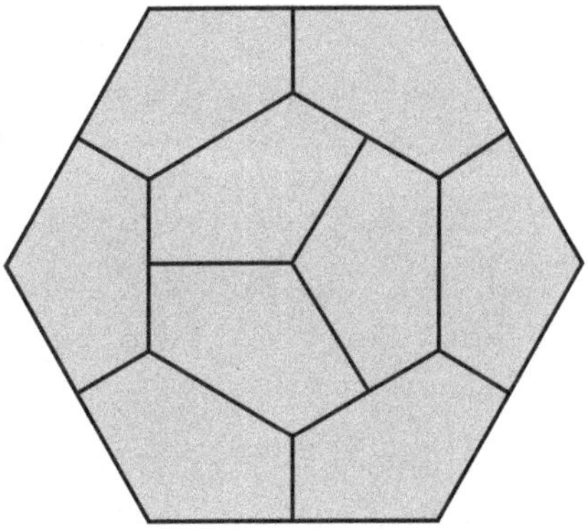

55.《巧分风车》答案

共能剪出 20 张这样的图形。

56.《巧得成百数之 1》答案

全部答案如下。

得 200 的算式：

24×85÷10+69−73=200

26×78÷13+94−50=200

26×85÷10+73−94=200

26×90÷15+78−34=200

26×90÷15+87−43=200

26×94÷13+70−58=200

26×95÷10+37−84=200

28×93÷14+70−56=200

30×67÷15+94−28=200

30×78÷12+64−59=200

30×86÷12+59−74=200

30×96÷15+82−74=200

32×78÷16+94−50=200

32×90÷15+84−76=200

32×94÷16+70−58=200

34×90÷15+68−72=200

35×72÷10+46−98=200

35×76÷10+28−94=200

35×90÷14+62−87=200
35×90÷18+67−42=200
36×75÷20+84−19=200
36×92÷18+70−54=200
36×95÷20+47−18=200
37×90÷15+26−48=200
37×90÷15+62−84=200
39×70÷15+46−28=200
39×70÷15+82−64=200
39×80÷15+64−72=200
39×80÷16+52−47=200
40×58÷16+92−37=200
40×93÷15+28−76=200
40×96÷15+27−83=200
42×85÷30+97−16=200
42×93÷18+50−67=200
43×76÷19+80−52=200
43×90÷18+52−67=200
45×60÷12+73−98=200
45×76÷30+98−12=200
45×90÷18+37−62=200
45×92÷30+78−16=200

得 300 的算式：

26×95÷10+87−34=300
34×96÷12+78−50=300
35×72÷10+96−48=300
35×74÷10+69−28=300
35×78÷10+69−42=300
35×96÷10+42−78=300
35×98÷10+24−67=300
40×93÷15+78−26=300

得 400 的算式真是仅此一种：

42×85÷10+79−36=400

57.《巧得成百数之 2》答案

这样的算式共有 138 个，它们分别如下。

(1) 等于 200，1 个算式：

(1246÷98+0−7) ×35=200

(2) 等于 300，5 个算式：

(1470÷98+3−6) ×25=300
(1596÷84+3−7) ×20=300
(1674÷93+5−8) ×20=300
(2047÷89+3−6) ×15=300
(2496÷78+3−5) ×10=300

(3) 等于 400，17 个算式：

(1036÷84+2−9) ×75=400
(1072÷68+5−9) ×34=400
(1358÷97+2−6) ×40=400
(1407÷69+5−8) ×23=400
(1764÷98+5−3) ×20=400
(1786÷94+0−3) ×25=400
(1843÷97+6−5) ×20=400
(2047÷89+5−3) ×16=400
(2394÷57+6−8) ×10=400
(2403÷89+5−7) ×16=400
(2407÷83+5−9) ×16=400
(2436÷58+7−9) ×10=400
(2457÷63+9−8) ×10=400
(2584÷76+9−3) ×10=400
(2964÷78+5−3) ×10=400
(3572÷94+8−6) ×10=400
(3864÷92+5−7) ×10=400

(4) 等于 500，2 个算式：

(1246÷89+3−7) ×50=500
(1274÷98+3−6) ×50=500

(5) 等于 600，27 个算式：

(1036÷84+5−9) ×72=600
(1038÷54+9−6) ×27=600
(1085÷63+9−4) ×27=600
(1204÷86+3−9) ×75=600

（1258÷74＋9－6）×30＝600
（1326÷78＋4－9）×50＝600
（1365÷70＋2－9）×48＝600
（1368÷72＋5－9）×40＝600
（1372÷98＋4－6）×50＝600
（1372÷98＋6－5）×40＝600
（1392÷87＋5－6）×40＝600
（1476÷82＋3－9）×50＝600
（1536÷48＋7－9）×20＝600
（1674÷93＋2－8）×50＝600
（1748÷92＋6－5）×30＝600
（1805÷76＋4－9）×32＝600
（1809÷67＋3－5）×24＝600
（1824÷76＋5－9）×30＝600
（1904÷68＋3－7）×25＝600
（2976÷48＋3－5）×10＝600
（3074÷58＋6－9）×12＝600
（3248÷56＋9－7）×10＝600
（3807÷94＋2－5）×16＝600
（4263÷87＋0－9）×15＝600
（4278÷69＋3－5）×10＝600
（4278÷93＋0－6）×15＝600
（4760÷85＋3－9）×12＝600
（6）等于700，20个算式：
（1230÷78＋4－9）×65＝700
（1248÷96＋7－0）×35＝700
（1296÷48＋0－7）×35＝700
（1368÷72＋4－9）×50＝700
（1380÷46＋7－9）×25＝700
（1392÷87＋4－6）×50＝700
（1749÷53＋8－6）×20＝700
（1763÷82＋5－9）×40＝700
（1764÷98＋2－0）×35＝700
（1792÷64＋0－8）×35＝700
（1809÷67＋4－3）×25＝700
（1872÷96＋3－5）×40＝700
（1935÷86＋2－7）×40＝700
（2067÷39＋5－8）×14＝700
（3082÷67＋9－5）×14＝700
（3726÷54＋9－8）×10＝700
（4896÷72＋5－3）×10＝700
（5796÷84＋3－2）×10＝700
（5976÷83＋2－4）×10＝700
（7）等于800，29个算式：
（1032÷84＋9－7）×56＝800
（1058÷46＋9－7）×32＝800
（1274÷98＋6－3）×50＝800
（1278÷54＋9－6）×30＝800
（1372÷98＋6－4）×50＝800
（1380÷46＋9－7）×25＝800
（1394÷82＋6－7）×50＝800
（1508÷46＋9－7）×23＝800
（1560÷78＋9－4）×32＝800
（1568÷49＋0－7）×32＝800
（1628÷74＋3－9）×50＝800
（1725÷69＋3－8）×40＝800
（1728÷96＋5－3）×40＝800
（1748÷92＋3－6）×50＝800
（1904÷68＋7－3）×25＝800
（2076÷54＋9－3）×18＝800
（2394÷57＋8－0）×16＝800
（2809÷53＋4－7）×16＝800
（2964÷38＋7－5）×10＝800
（2970÷54＋3－8）×16＝800
（3078÷54＋2－9）×16＝800
（3471÷89＋6－5）×20＝800
（3560÷72＋4－9）×18＝800
（3792÷48＋6－5）×10＝800
（4956÷78＋0－2）×13＝800
（5238÷97＋0－4）×16＝800

(5986÷73+2−4) ×10=800
(7254÷93+8−6) ×10=800
(7584÷96+3−2) ×10=800
(8) 等于 900，37 个算式：
(1078÷49+5−2) ×36=900
(1204÷98+7−5) ×63=900
(1235÷76+4−9) ×80=900
(1246÷89+7−3) ×50=900
(1269÷47+8−5) ×30=900
(1274÷98+5−3) ×60=900
(1372÷98+5−4) ×60=900
(1372÷98+6−0) ×45=900
(1392÷87+4−5) ×60=900
(1392÷87+6−4) ×50=900
(1394÷82+5−7) ×60=900
(1394÷82+7−6) ×50=900
(1548÷36+9−7) ×20=900
(1596÷38+7−4) ×20=900
(1598÷47+2−6) ×30=900
(1624÷58+9−7) ×30=900
(1782÷54+6−9) ×30=900
(1786÷94+2−3) ×50=900
(1798÷62+5−4) ×30=900
(1824÷76+3−9) ×50=900
(1827÷63+0−9) ×45=900
(1938÷76+2−5) ×40=900
(1972÷68+5−4) ×30=900
(1978÷43+5−6) ×20=900
(1978÷46+5−3) ×20=900
(1984÷62+5−7) ×30=900
(2059÷71+4−8) ×36=900
(2104÷76+5−9) ×38=900
(2754÷81+0−9) ×36=900
(3160÷79+4−8) ×25=900
(4307÷59+8−6) ×12=900
(4370÷95+6−2) ×18=900
(5432÷97+0−6) ×18=900
(7068÷93+4−5) ×12=900
(8352÷96+7−4) ×10=900
(8536÷97+4−2) ×10=900

58.《巧得 135》答案

可以从个位上的数字考虑。

456−321=135

59.《巧得 50》答案

注意图中的数 6，它非常重要。由此而不难推出答案。

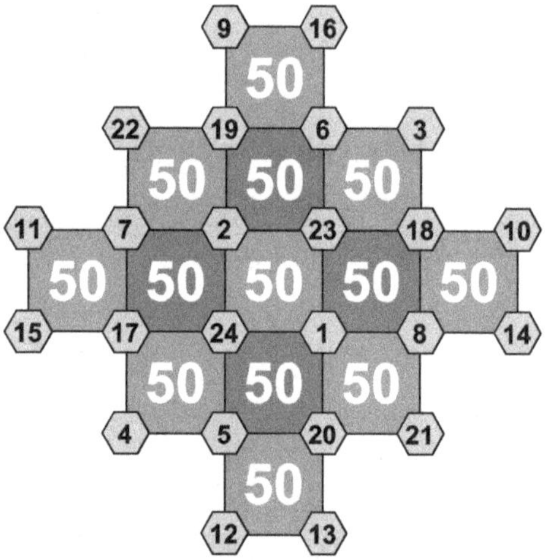

60.《巧得 40》答案

通过观察你会发现，有的圆圈上缺少了两个数，有的缺少了一个数，知道了每个圆圈上四个数的和为 40，那么知道三个数的空格就很容易填写出来了。因为它们环环相扣，当你填出缺少一个数的圆环后，相邻的圆环上又会出现缺少一个数的现象，你又可以逐一填出。你可以很快填写出这个神奇的数阵了。

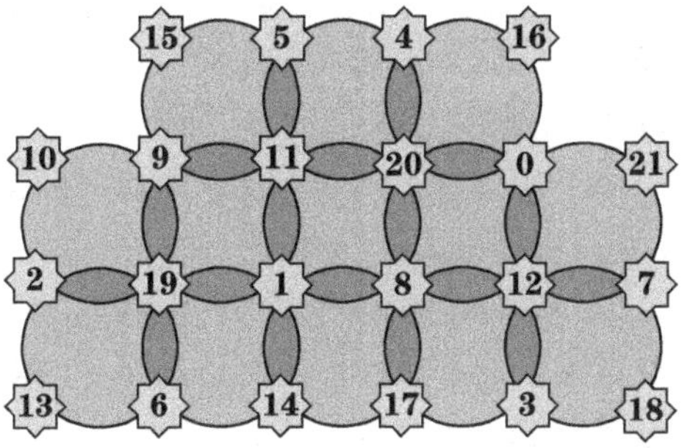

61.《巧填数字》答案

这道题的关键在于如何让算式中的除法部分得整数，也就是说 78 是 1、2、3、4、5、6 中组成的两位数的整数倍数。

分解 78 的质因数：

78＝2×3×13

将 2、3、13 凑成能够整除 78 的两位数，只有 13 和 26 两种。

78÷13＝6

余下的数字还有 2、4、5、6，可以凑成下面的算式，就是题目要求的答案：

6＋□□＝□□

6＋46＝52

78÷13＋46＝52

再来试试 26，

78÷26＝3

余下的数字为 1、3、4、5，看看能不能填成下面的等式：

3＋□□＝□□

它们的个位上的数字可以填成：

3＋□1＝□4

余下的数字是 3 和 5，是没有办法填成等式的。

故此题的答案只有一种，那就是：

78÷13＋46＝52

62.《巧填等式》答案

想想看，加数十位上的数字与和的十位上的数字最接近，因为得数中没有小数，所以算式中小数部分的两个数字之和一定为 10。

31.2＋6.8＋7＝45

51.2＋4.8＋7＝63

72.4＋3.6＋5＝81

63.《巧填 1234》答案

算式“65×98÷70”的结果为 91，只需要将 1、2、3、4 用上一个减号组成得 9 的算式，不难发现可以找到 23－14 和 41－32 两种。代入算式，正是要找的答案。

65×98÷70＋23－14＝100

65×98÷70＋41－32＝100

64.《巧算 ABC》答案

这是一道非常有趣的题目，它并不像想象的那么难。只需要从第一道算式入手，就可以很快推算出答案来。先从个位上的数字考虑，字母 C 只能表示数字 5，知道了 C 为 5，又知道“A<B<C”，那么，ABC 表示 3 个奇数数字只能是 1、3、5。

13＋5＋135＝153

13÷5×135＝351

13＋513＋5＝531

135＋13＋5＝153

135×13÷5＝351

65.《巧算》答案

1＋35×1×3＋5＝111

1＋35÷1×3＋5＝111

1＋351÷3－5＝113

1×3－5＋135＝133

135＋1×3－5＝133

135×1+3−5=133
135÷1+3−5=133
1×3+51×3−5=151
1×3×51+3−5=151
1×3×51−3+5=155
1×351−3+5=353
1×3+513−5=511
13+5+135=153
13÷5×135=351
13+513+5=531
135+13+5=153
135×13÷5=351

66.《巧十一》答案

由给出的28+11+12得知，每条直线上的三个不同颜色的圆环内的数之和都等于51。寻找到突破口后，可以很快填写出答案来。

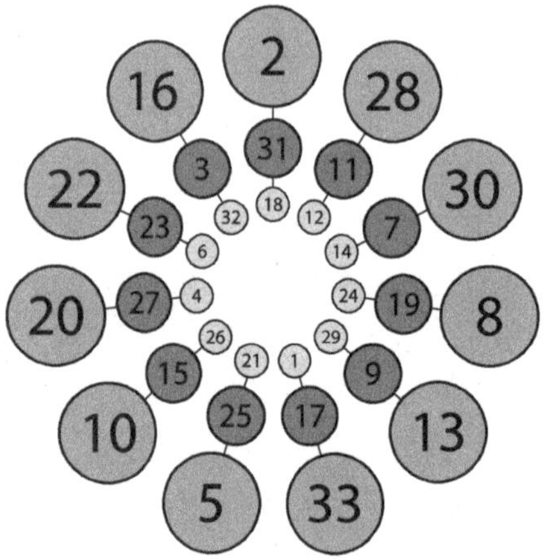

67.《巧去加号》答案

第一道算式可以这样，去掉等号左边6与7中的加号，去掉等号右边5和6中的加号，算式合并成等于80的等式。

5+67+8=56+7+8+9（=80）

第二道算式可以这样，去掉等号左边7与8中的加号，去掉等号右边6和7中的加号，算式合并成等于89的等式。

5+6+78=5+67+8+9（=89）

68.《巧铺桌面》答案

如果你能在这个图中用笔画一画没有铺上的部分，恰好可以放下22张这样的缺少角的纸。

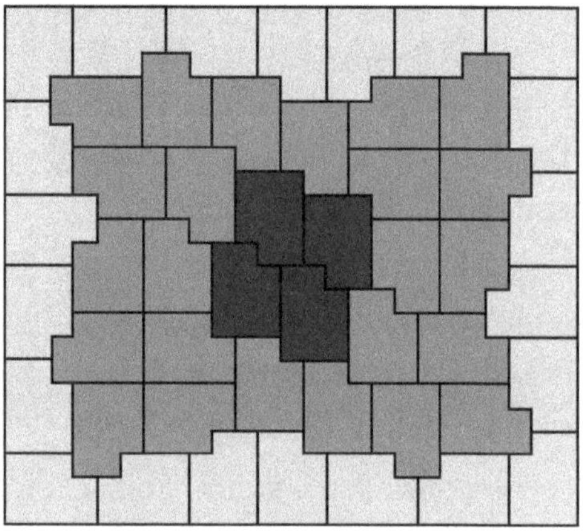

69.《巧拼字母W》答案

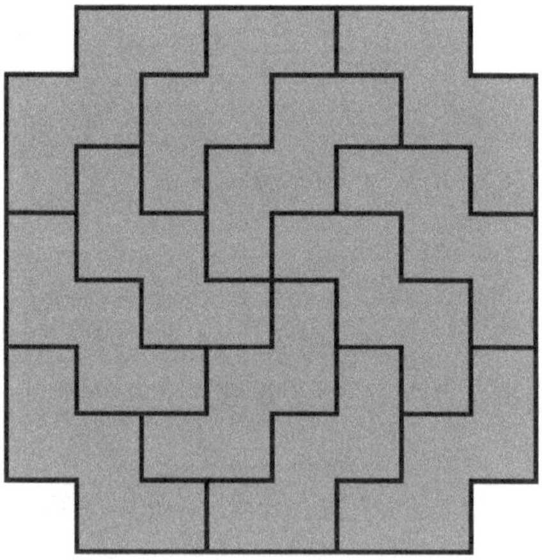

70.《趣得重迭数》答案

得11的共有7种：

24−6÷2−4−6=11
2+4+6÷2−4+6=11

2＋4×6÷2÷4＋6＝11

2－4＋6÷2＋4＋6＝11

2×4＋6－2÷4×6＝11

2×4－6×2÷4＋6＝11

2÷4×6－2＋4＋6＝11

得 22 的共有 21 种：

2＋4＋62－46＝22

24－6＋24÷6＝22

24÷6＋24－6＝22

2－4×6－2＋46＝22

2＋4×6－24÷6＝22

2－4＋6＋24－6＝22

2－4＋6×24÷6＝22

2－4－6＋24＋6＝22

2÷4＋62÷4＋6＝22

2＋46－2－4×6＝22

2×46÷2－4×6＝22

24＋6＋2－4－6＝22

24－6＋2－4＋6＝22

24－6×2＋4＋6＝22

24－6÷2×4÷6＝22

2＋4－6－2＋4×6＝22

2＋4×6－2＋4－6＝22

2×4＋6－2＋4＋6＝22

2×4＋6×2－4＋6＝22

2×4×6－2－4×6＝22

2×4×6÷2＋4－6＝22

得 33 的共有 5 种：

2÷4×6＋24＋6＝33

2÷4×62－4＋6＝33

24＋6＋2÷4×6＝33

24＋6×2÷4＋6＝33

2＋4＋6÷2＋4×6＝33

得 44 的共有 15 种：

2×46－2－46＝44

2＋46－24÷6＝44

2＋4－6－2＋46＝44

2＋4×6＋24－6＝44

2×4＋6＋24＋6＝44

2×4×6－24÷6＝44

2＋4＋62－4×6＝44

2＋46－2＋4－6＝44

2×46－2×4×6＝44

2×46÷2＋4－6＝44

24＋6＋2×4＋6＝44

24－6＋2＋4×6＝44

2＋4×6÷2×4－6＝44

2×4＋6×2＋4×6＝44

2×4×6－2＋4－6＝44

得 55 的共有 2 种：

2＋4＋6÷2＋46＝55

2÷4×62＋4×6＝55

得 66 的共有 10 种：

2＋46＋24－6＝66

24－6＋2＋46＝66

2×4＋6×2＋46＝66

2×4×6＋24－6＝66

2÷4×6×24－6＝66

2＋4＋62＋4－6＝66

2×46－2－4×6＝66

24＋6×2×4－6＝66

24－6＋2×4×6＝66

24×6×2÷4－6＝66

得 77 的共有 2 种：

246÷2－46＝77

2÷4×62＋46＝77

得 88 的共有 4 种：

2×46－24÷6＝88

24＋62－4＋6＝88

2＋46÷2×4－6＝88

2×46−2+4−6=88

得 99 的共有 2 种：

246÷2−4×6=99

2+4+62÷4×6=99

71.《趣分小猫》答案

(1)

图中的小猫排列很有规律。先将其横向剪成三块，它们的面积恰好与所有的小猫相符合。以下面的带有两只小猫的部分从原图中剪去，余下在部分恰好是右上角的带有锯齿的部分，再根据右上角的这块，将其他一一划分即可。

(2)

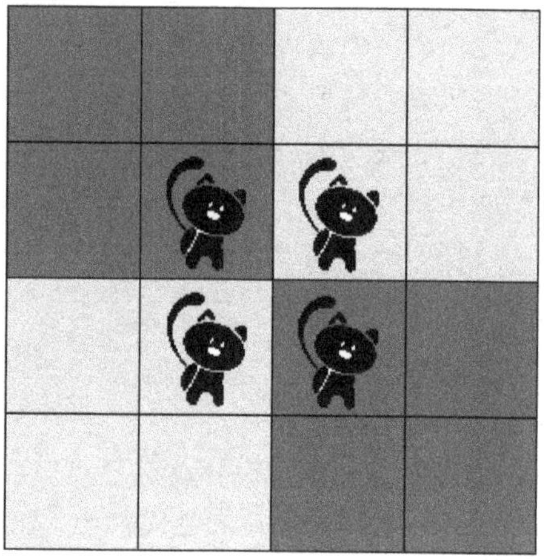

（3）

72. 《趣补数字》答案

这个数字是4，添在得数中：

$3^6 \times 5 = 3645$

73. 《趣变三角形》答案

（1）是可以拼成三角形的。（如图）

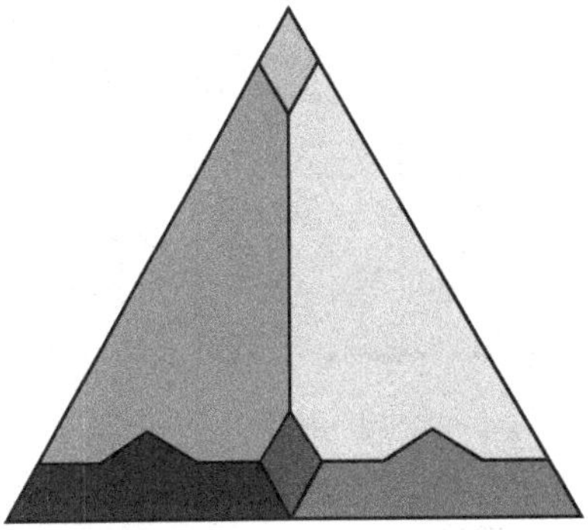

（2）同样可以拼成三角形。（如图）

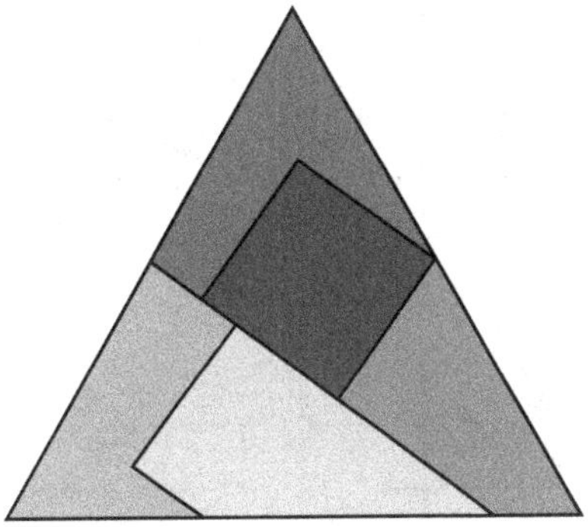

（3）同样可以拼成三角形。（如图）

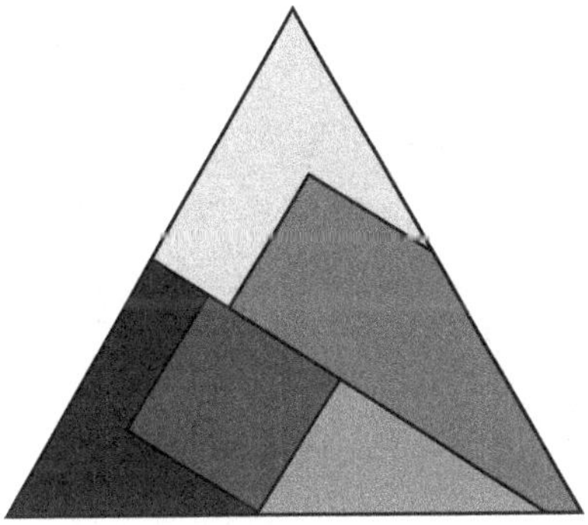

74. 《趣拼等式》答案

①1234×1476＝1821384；1234×1151＝1420334。

②1×12×123×1234＝1821384。

75. 《趣剪纸片》答案

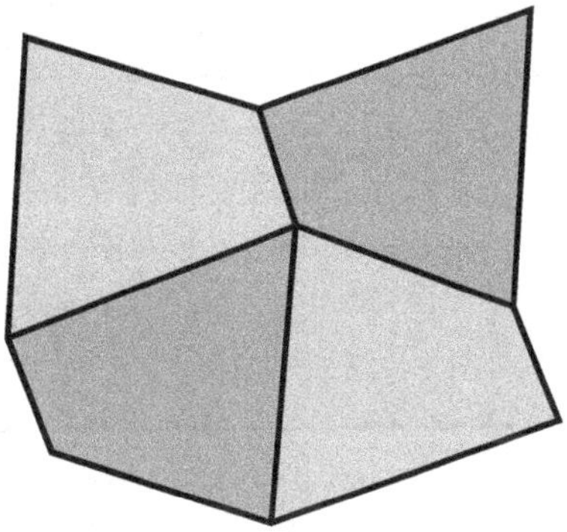

76.《趣味划分》答案

77.《趣味 123 之 1》答案

由于题目的要求是每行、列、对角线上三数之和为 123，故根据给出的三个数完全可以推测出其他空格的数。

由最上面的一横行得知最右上角的数为 123－5－79＝39。

知道了 39 的位置，又知道了右下角的数为 77，它们中间的数就是 123－39－77＝7。

由于 5 和 77 在一对角线上，故可以知道中间的数为 123－5－77＝41。

5	79	39
	41	7
		77

到此，根据每行、列、对角线上三数之和为 123，可以很容易填写出余下的数了。

5	79	39
75	41	7
43	3	77

78.《趣味 123 之 2》答案

由于题目的要求是每行、列、对角线上三数之和为 123，故根据给出的三个数完全可以推测出其他空格的数。

由最上面的一横行得知最右上角的数为 123－51－55＝17。

知道了 17 的位置，又知道了和它在一列的 75 的位置，右下角的数为 123－17－75＝31。

由于 31 和 51 在一对角线上，故可以知道中间的数为 123－31－51＝41。

51	55	17
	41	75
		31

到此，根据每行、列、对角线上三数之和为 123，可以很容易填写出余下的数了。

51	55	17
7	41	75
65	27	31

79.《趣味 123 之 3》答案

由于题目的要求是每行、列、对角线上三数之和为 123，故，根据给出的三个数完全可以推测出其他空格的数。

由最左边的一列得知最左下角的数为 123－53－3＝67。

知道了 67 的位置，又知道了和它在一行的 29 的位置，最下面一行中间的数为 123－67－29＝27。

由于 53 和 29 在一对角线上，故可以知道中间的数为 123－53－29＝41。

53		
3	41	79
67		29

到此，根据每横行、竖列、对角线上三数之和为 123，可以很容易填写出余下的数了。

53	55	15
3	41	79
67	27	29

80.《趣填质数》答案

根据给出的提示，不难找到所有算式的填法。

41＋2 ＝43

43＋4 ＝47

47＋6 ＝53

53＋8 ＝61

61＋10＝71

71＋12＝83

83＋14＝97

97＋16＝113

113＋18＝131

81.《趣填等式》答案

分析过程与例子相同。

365＋4＝369

271＋98＝369

或

368＋1＝369

274＋95＝369

82.《趣填 90》答案

从每个角落的“三缺一”中不难推测出答案。

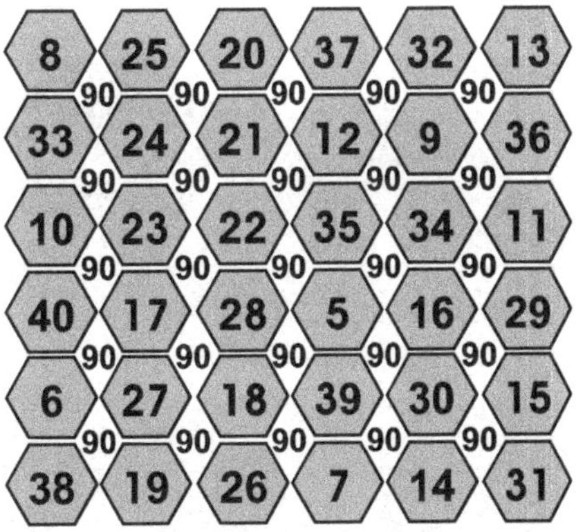

83.《趣添数字》答案

57 **1** ×57＝ **32** 5 **4** 7

84.《趣数 689》答案

题目中对这四种运算符号有要求，你最好要考虑一下除号的位置。因为，除号的位置决定着算式能不能得整数。而乘号的作用则是凑出接近 689 的乘积，再用其他的数字来拼凑、调整最后的算式。

通过试验，可以得到以下的算式：

12÷3×4－5＋678＝689

85.《趣味数阵》答案

从角上的圆环上的数来推理，不难找到答案。

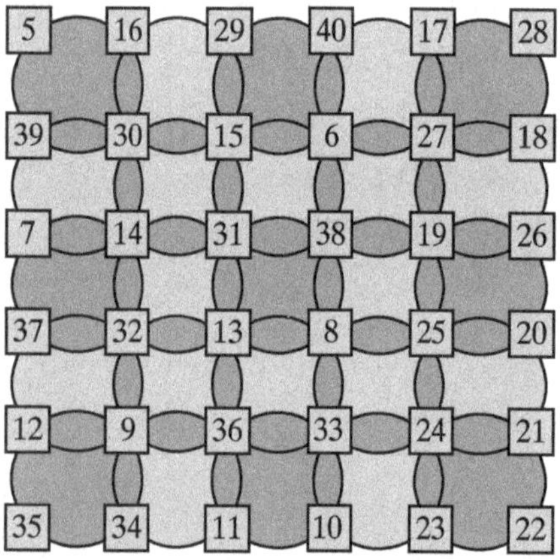

86.《趣味拼板之 1》答案

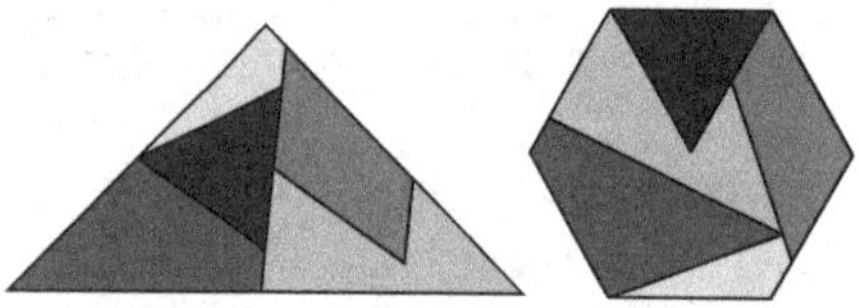

87.《趣味拼板之 2》答案

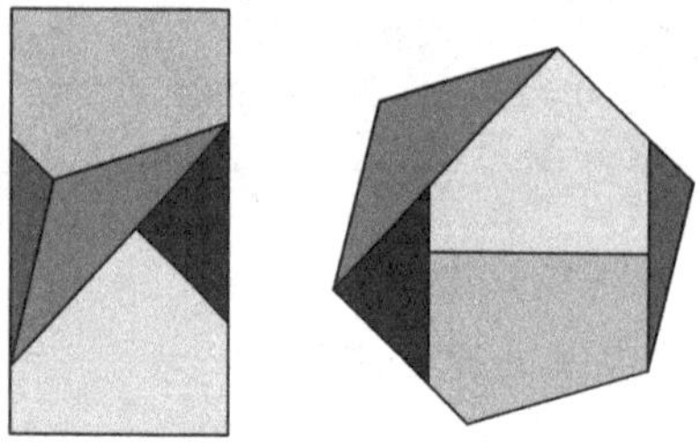

88.《趣味剪拼之 3》答案

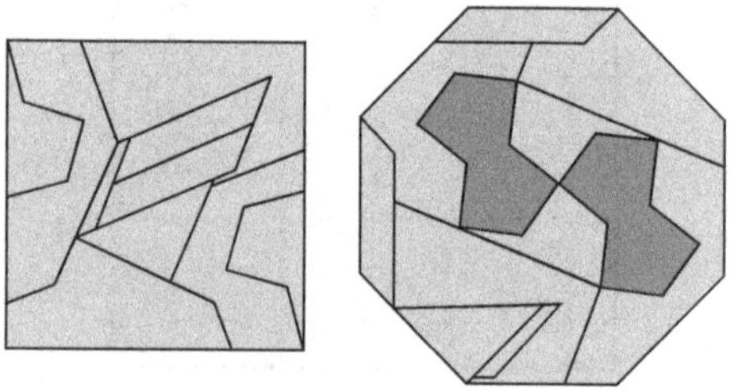

89.《趣味划数》答案

求出格内数的总和：

(6＋2＋4＋2) ＋ (5＋1＋6＋5) ＋ (4＋3＋2＋7) ＋ (1＋8＋1＋3) ＝60

60÷5＝12

12 是需要划去的四个数的和，也是划掉后每横行、竖列、对角线上数的和，来看格内两条对角线上的数之后，恰好是 12，故需要划的数不在对角线上。

从最上面的一行来看，需要去掉 (6＋2＋4＋2) －12＝2，而要去掉的 2 又是不在对角线上，故去掉的是最上面左起第二个数 2。

再来看横行第二行：这两个 5 都不在对角线上，都有可能去掉。没有办法确定的先放一下。

再来看第三行：需要去掉的是 4 和 7 中的一个，而这一行应该去掉 4。

最下面的一行：应该去年而不在对角线上的 1 只有左起第三个的 1。

现在再来解决第二个两个 5 的问题，从竖列考虑，它们的和是 6＋5＋4＋1＝16，从刚才的分析中知道去掉的是 4，保留的是这个 5，那最右面的 5 就是要去掉的了。

再来验证一下，符合题目要求。

6		4	2
5	1	6	
	3	2	7
1	8		3

90.《分鱼》答案

如图。

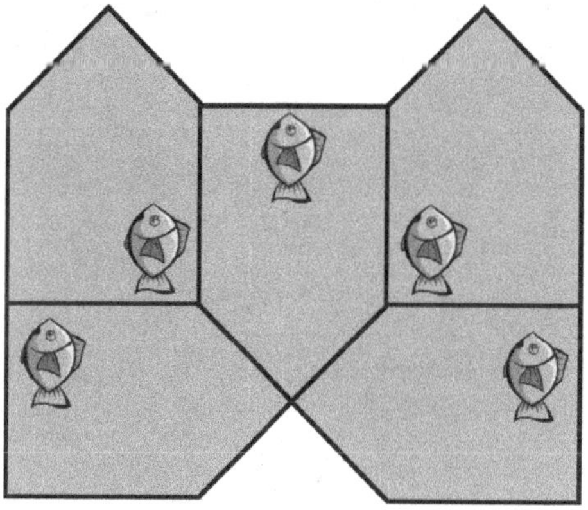

91.《趣味填数之1》答案

显然，算式中的方框格内填入1、3、5、7、9，圆圈格内填入2、4、6、8、0。

32×56÷14+70−98=100

32×58÷16+74−90=100

32×74÷16+50−98=100

36×52÷78+90−14=100

36×72÷18+50−94=100

54×96÷72+38−10=100

72×96÷54+10−38=100

58×72÷36+94−10=200

32×78÷16+94−50=200

32×94÷16+70−58=200

36×92÷18+70−54=200

34×96÷12+78−50=300

56×78÷12+30−94=300

54×96÷12+38−70=400

56×92÷14+70−38=400

72×96÷18+50−34=400

58×96÷12+70−34=500

78×96÷12+30−54=600

92.《趣味填数之2》答案

根据题目的提示，可以知道以下信息：

A. 88×□31=□□□□8

B. 88×93□=8□□□□

然后将因数中的两个数字5和7通过试填，不难找出它们的答案。

A. 88×531=46728

B. 88×937=82456

93.《趣味填数之3》答案

题目中已经说明了“顺次填入”，照做即可。

$972\times54\times36=18^5$

验算：

972×54×36=1889568

$18^5=1889568$

94.《仍旧相等》答案

通过观察你会发现，这个数阵中的每横行、竖列、对角线上的四个数中都有数字7出现。只需要每横行、竖列、对角线上的7去掉（注意仍然有一个7是要保留的），留下的就是符合要求的答案了。

95.《趣组算式》答案

根据算式的特点，可以算出所有两个一位数的可能：

$4\times6=24$

$4\times8=32$

$4\times9=36$

$6\times8=48$

$6\times9=54$

$8\times9=72$

$9\times9=81$

通过试验，根据“知道积和一个因数，求另一个因数”，不难找出它们的答案了。

$8\times9\times694=49968$

$9\times9\times864=69984$

六、神机妙算

96.《趣味转化》答案

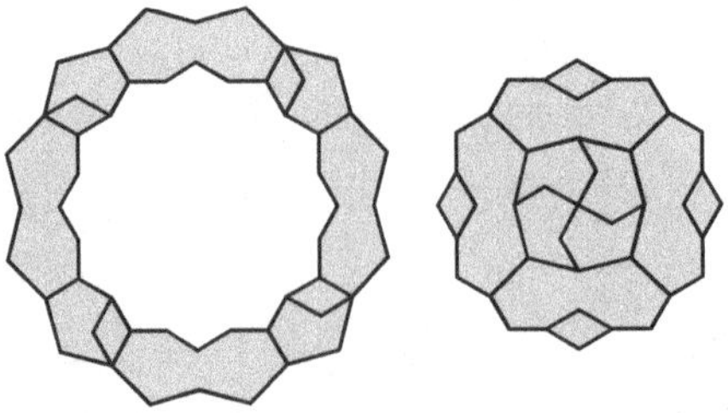

97.《三角星》答案

如果你能判断出每条直线上的数之和为 15 的话，这题一点都不难了。

以 3 为一端的三个数，共有两行，以 9 和 0 为两端的有一行，剩下的只有 2 和 1，而 2＋1 等于 3，刚才的算式中 3 是重复的，故它们就是 0～9 的和除 3 就是每行的和。

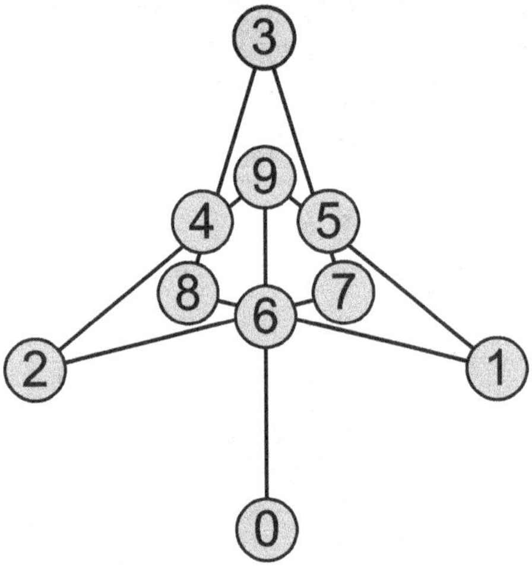

98.《三角填数之 1》答案

如图。

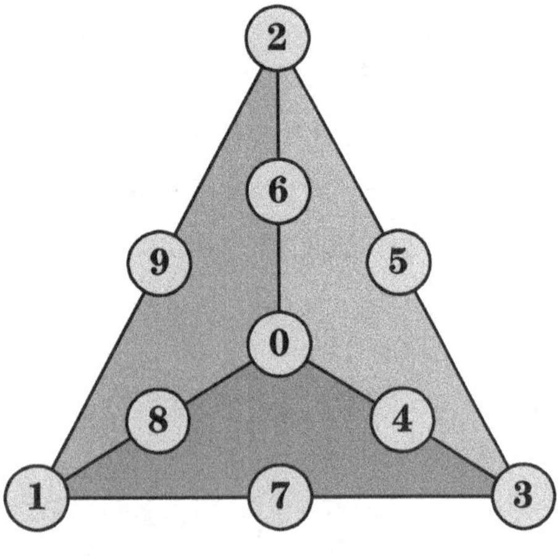

99.《三角填数之 2》答案

如图。

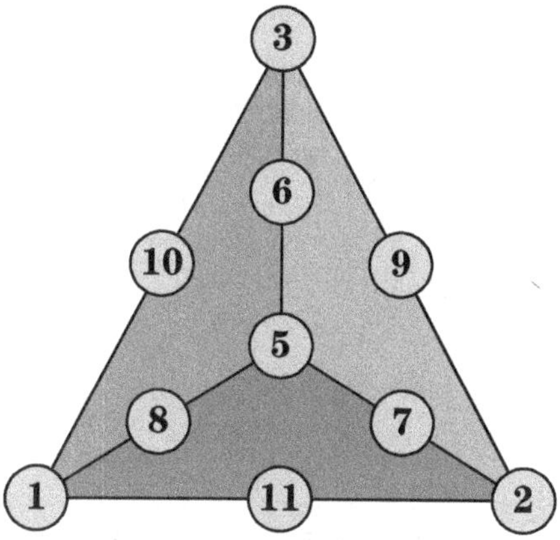

100.《三角填数之 3》答案

如图。

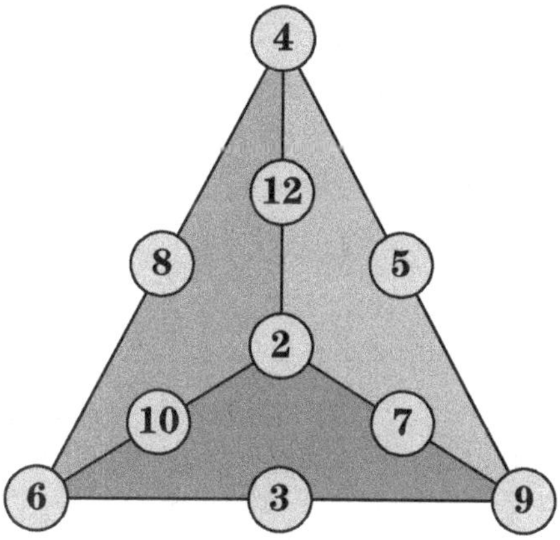

101.《三角填数之 4》答案

如图。

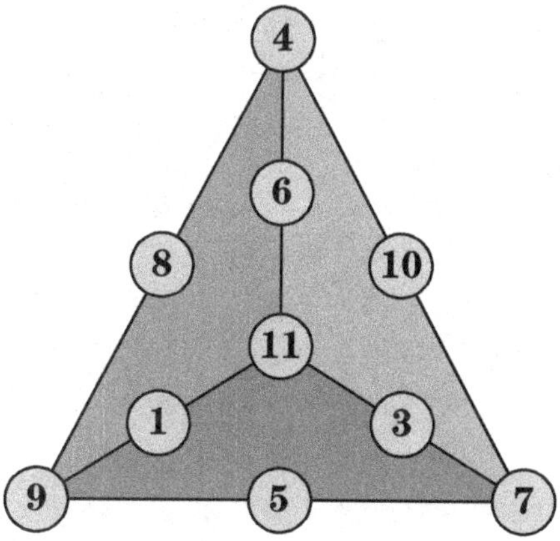

102.《三角填数之 5》答案

如图。

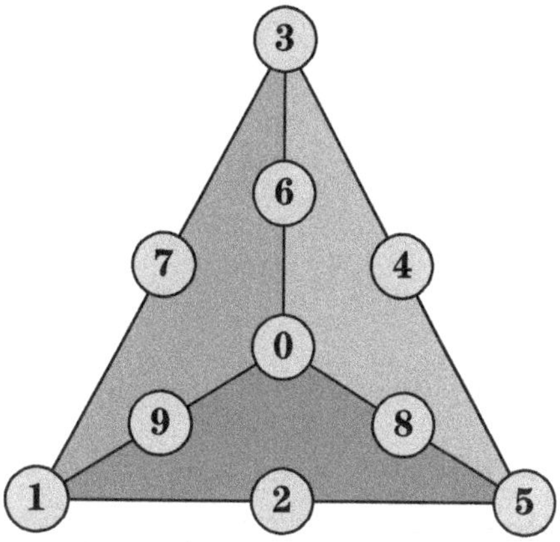

103.《三角拼板》答案

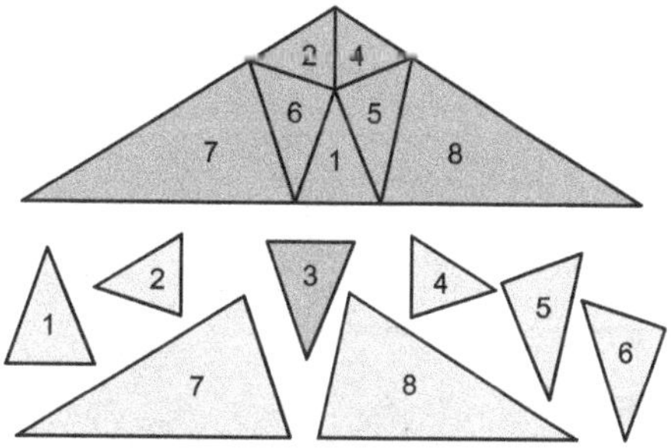

剩下的这块的编号是 3。

104.《三个数字》答案

两道算式不同，但得数相同。另外，算式中的两个因数都是由数字 1、2、3、4、5、6、7、8、9 各一次组成的。

28674×1395=40000230

23895×1674=40000230

105.《三个数字》答案

32×58÷16+74−90=100

32×78÷16+94−50=200

106.《三五成群之 1》答案

3÷3×5+5=10

3÷3×(5+5)=10

3＋35÷5＝10

3－3＋5＋5＝10

3×3＋5÷5＝10

(3×3－5)×5＝20

3×(3×5－5)＝30

(3÷3＋5)×5＝30

3×3×5－5＝40

3×3×5＋5＝50

(3＋3)× (5＋5)＝60

3×(3×5＋5)＝60

(3×3＋5)×5＝70

107.《三五成群之 2》答案

由积的最高位上的数字 3 和已知的一个因数 53，不难估算出空格内应该填 6。

等式为：

635×53＝33655

108.《三块拼方》答案

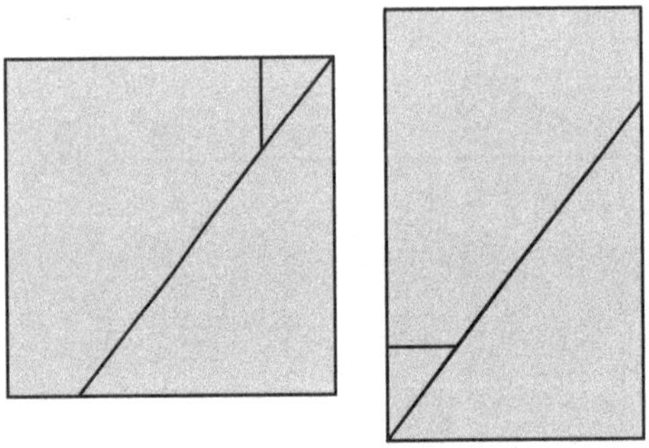

109.《神奇算式之 1》答案

可以这样想，先看看算式中缺少哪些数字，显然，算式中给出了 2、4、6、7、8、9 六个数字，0～9 十个数字中缺少了 0、1、3、5。如第一道算式

26×神奇÷算式＋84＝97

26×神奇÷算式＝97－84＝13

26×神奇÷算式＝13

相当于将 26 缩小 1/2，也就是将 0、1、3、5 用上组成一个 15 和 30，就有可能满足题目的要求了。

如此按图索骥，不难找出原来的算式了。

26×15÷30＋84＝97

48×15÷30＋72＝96

62×15÷30＋48＝79

84×15÷30＋27＝69

110.《神奇算式之 2》答案

因为除法是乘法的逆运算，知道了积和一个因数，不难找到另一个因数。

“神奇”表示 12，“算式”表示 34。

1257×9＝11313

3457×9＝31113

1259×9＝11331

3459×9＝31131

111.《神奇五环》答案

添上指数 2，形成平方数后，每个圆环上 4 个数的和为 330。

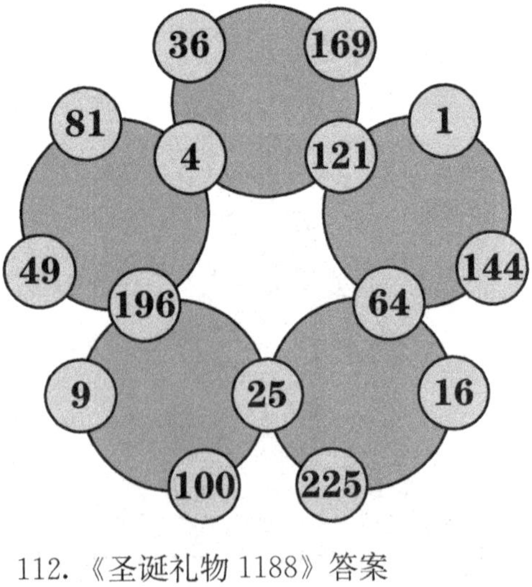

112.《圣诞礼物 1188》答案

百位上填 1 和 9：

102＋934＋65＋87＝1188

102＋943＋56＋87＝1188

102＋943＋65＋78＝1188

103＋924＋75＋86＝1188

120＋934＋56＋78＝1188

120＋935＋46＋87＝1188

120＋943＋57＋68＝1188

百位上填 2 和 8：

201＋834＋56＋97＝1188

201＋843＋65＋79＝1188

203＋814＋75＋96＝1188

210＋834＋65＋79＝1188

210＋835＋46＋97＝1188

210＋843＋56＋79＝1188

250＋761＋83＋94＝1188

百位上填 3 和 7：

301＋724＋65＋98＝1188

301＋742＋56＋89＝1188

310＋724＋56＋98＝1188

310＋724＋65＋89＝1188

320＋741＋58＋69＝1188

340＋671＋82＋95＝1188

百位上填 4 和 6：

401＋623＋75＋89＝1188

401＋632＋57＋98＝1188

402＋613＋75＋98＝1188

405＋716＋28＋39＝1188

410＋623＋57＋98＝1188

410＋632＋57＋89＝1188

420＋631＋58＋79＝1188

百位上填 5 和 6：

504＋617＋28＋39＝1188

排除相同数位上的数字交换位置的，共有以上 28 个算式。

113.《神奇三环》答案

添上指数 2，形成平方数后，每个圆环上 4 个数的和为 126。

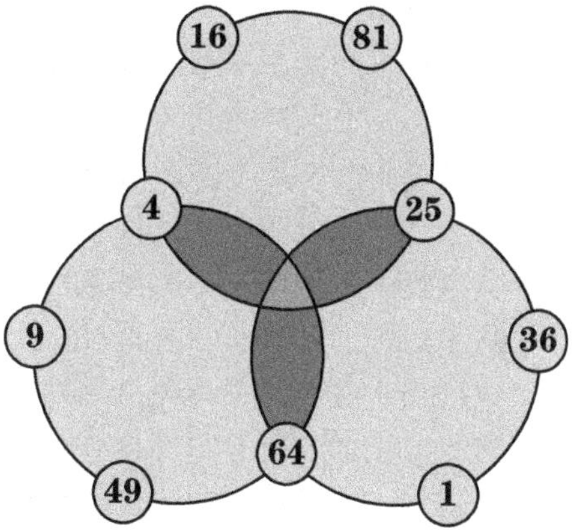

114.《神奇的填数》答案

根据给出的示例，你完全可以推测到，给乘以 11 的数增加“2”，就应该给乘以 22 的数减少“1”，原来的算式仍旧成为等式。

以得 2222 的为例：

11×10＋22×30＋33×44＝2222

11×（10＋2）＋22×（30－1）＋33×44＝2222

11×12＋22×29＋33×44＝2222

验证一下，果然如此。继续这样加加减减，都能够形成等式。此规律也不是没有尽头，这样的算式连上例子，每道共有 13 种。

11×14＋22×28＋33×44＝2222

11×16＋22×27＋33×44＝2222

11×18＋22×26＋33×44＝2222

11×20＋22×25＋33×44＝2222

11×22＋22×24＋33×44＝2222

11×24＋22×23＋33×44＝2222

11×26＋22×22＋33×44＝2222

11×28＋22×21＋33×44＝2222

$11\times30+22\times20+33\times44=2222$

$11\times32+22\times19+33\times44=2222$

$11\times34+22\times18+33\times44=2222$

同样道理：

$11\times13+22\times79+33\times44=3333$

$11\times15+22\times78+33\times44=3333$

$11\times17+22\times77+33\times44=3333$

$11\times19+22\times76+33\times44=3333$

$11\times21+22\times75+33\times44=3333$

$11\times23+22\times74+33\times44=3333$

$11\times25+22\times73+33\times44=3333$

$11\times27+22\times72+33\times44=3333$

$11\times29+22\times71+33\times44=3333$

$11\times31+22\times70+33\times44=3333$

$11\times33+22\times69+33\times44=3333$

$11\times35+22\times68+33\times44=3333$

也是如此：

$11\times76+22\times98+33\times44=4444$

$11\times78+22\times97+33\times44=4444$

$11\times80+22\times96+33\times44=4444$

$11\times82+22\times95+33\times44=4444$

$11\times84+22\times94+33\times44=4444$

$11\times86+22\times93+33\times44=4444$

$11\times88+22\times92+33\times44=4444$

$11\times90+22\times91+33\times44=4444$

$11\times92+22\times90+33\times44=4444$

$11\times94+22\times89+33\times44=4444$

$11\times96+22\times88+33\times44=4444$

$11\times98+22\times87+33\times44=4444$

115.《神奇的八位数》答案

这个数字是 2。

$2\times2\times2\times2\times2\times22\times222\times222=$ 34 695 936.

116.《神机妙算》答案

“妙”表示数字 0。

$13^2=169$

$103^2=10609$

$1003^2=1006009$

$10003^2=100060009$

$100003^2=10000600009$

$31^2=961$

$301^2=90601$

$3001^2=9006001$

$30001^2=900060001$

$300001^2=90000600001$

117.《舍近求远》答案

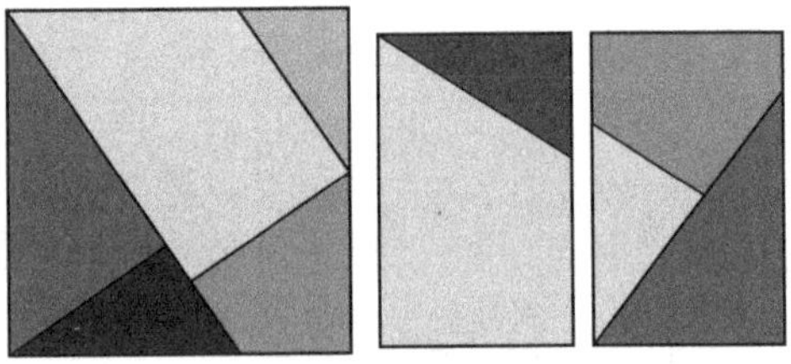

118.《十全算式》答案

不能成立。

设三个数分别为整数 x、y、z。即 $x\times y\div z=50$

则 $x\times y=50z$　$x\times y$ 的值为 50 的整数倍，$x\times y$ 的值的个位上必然为 0，然而从给出的数当中，找不出任何可以相乘得零的数，所以这样的等式不能成立。

119.《实心变空心之 1》答案

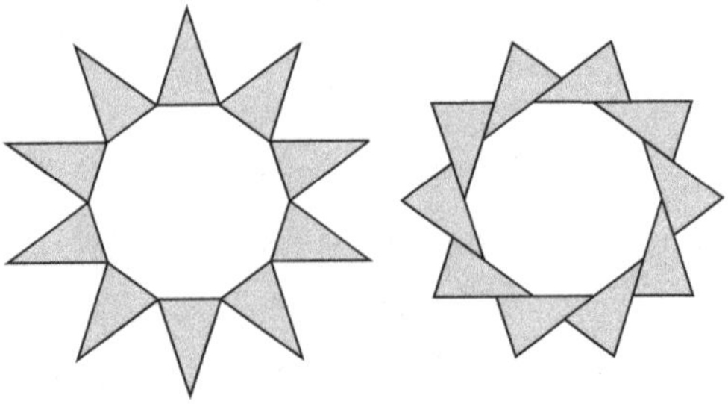

120.《实心变空心之 2》答案

121.《试试 44》答案

由提示得知，一位的 4 的倍数只有 4 和 8，运用乘除法互为逆运算这一定律，求出 44 的 4 倍与 8 倍：

44×4＝176

44×8＝352

转化为题目要求的算式就是它的答案。

176÷4＝44

352÷8＝44

122.《试试添 4》答案

如果你一味地想着去添数字，寻找着可以添加数字的位置，那你的速度一定快不了。我们要观察算式中数与运算符号的特征，然后选择最简便的方法，而此题最简便的方法，竟然是认认真真地来算一算。

显然，所添的数字就在结果中，正确答案是：

1×867÷3＋5＝29 **4**

186×7÷3－5＝**4**29

123.《暑假快乐》答案

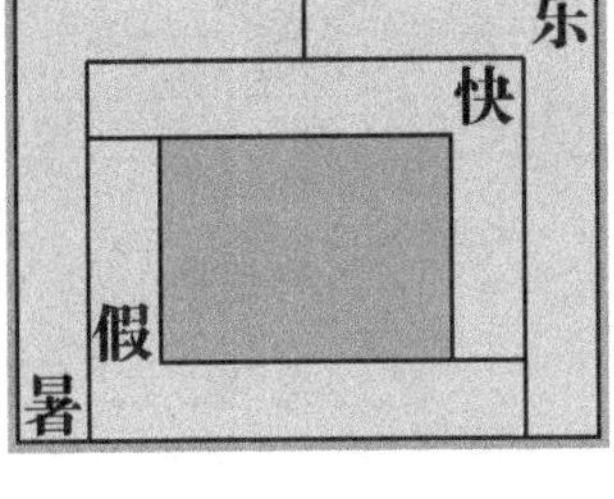

124.《十分有趣》答案

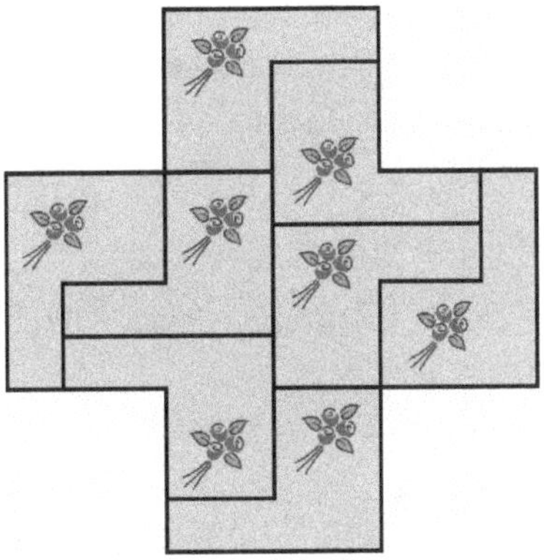

125.《十全十美》答案

一	二	三	五	四	六	七	八	九	十
六	三	四	二	九	一	十	五	八	七
七	八	五	六	三	十	一	二	四	九
八	十	九	四	七	五	二	一	三	六
九	七	二	十	六	八	四	三	一	五
十	四	八	三	二	七	九	六	五	一
二	一	六	九	五	三	八	十	七	四
三	六	一	七	十	四	五	九	二	八
五	九	七	一	八	二	六	四	十	三
四	五	十	八	一	九	三	七	六	二

126.《十全算式巧得 1》

(1) 360÷24＋75－89＝1

630÷42＋75－89＝1

(2) 460÷23＋59－78＝1

640÷32＋59－78＝1

(3) 340÷85＋69－72＝1

960÷48＋53－72＝1

(4) 420÷35＋68－79＝1

480÷32＋65－79＝1

(5) 420÷35＋86－97＝1

540÷36＋78－92＝1

560÷28＋74－93＝1

780÷39+26−45=1

780÷52+49−63=1

850÷34+72−96=1

870÷29+35−64=1

920÷46+38−57=1

127.《十全算式游戏》答案

排除了相同数位上的数字的交换，共有以下基本答案。

541+83+96=720，

613+48+59=720，

846−31−95=720，

819−34−65=720，

819−43−56=720，

864−51−93=720。

128.《十三连环》答案

由给出的29+13+18得知，每条直线上的三个不同颜色的圆环内的数之和都等60。寻找到突破口后，可以很快填写出答案来，每种颜色的圆环上的十三个数之和得260。

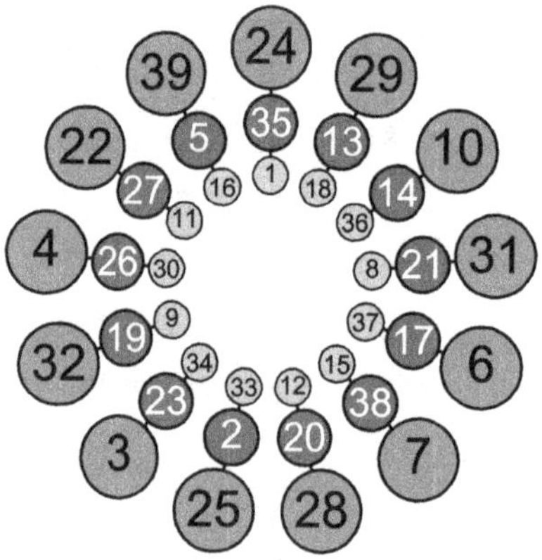

129.《十五连环》答案

由给出的37+17+15得知，每条直线上的三个不同颜色的圆环内的数之和都等69。寻找到突破口后，可以很快填写出答案来。

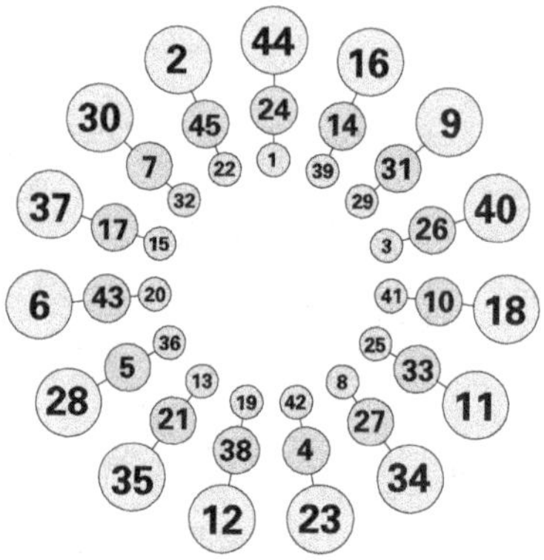

130.《十分有益》答案

下面这个答案，翻转后是没法成立的。

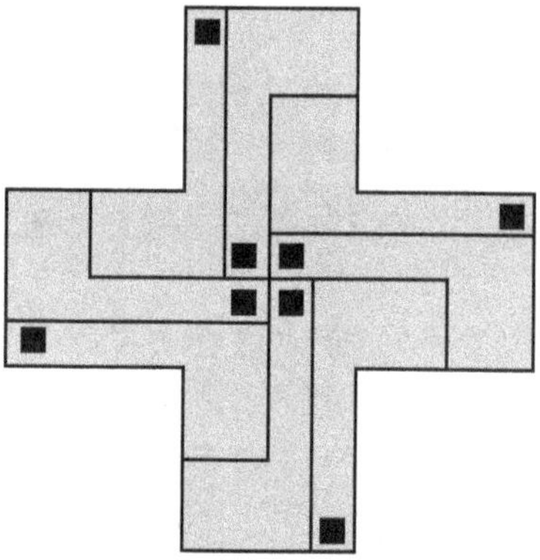

因为原来的点不动，划分的方法翻过来，则会成为不符合每块上一个黑点的要求了。

你明白了吗？

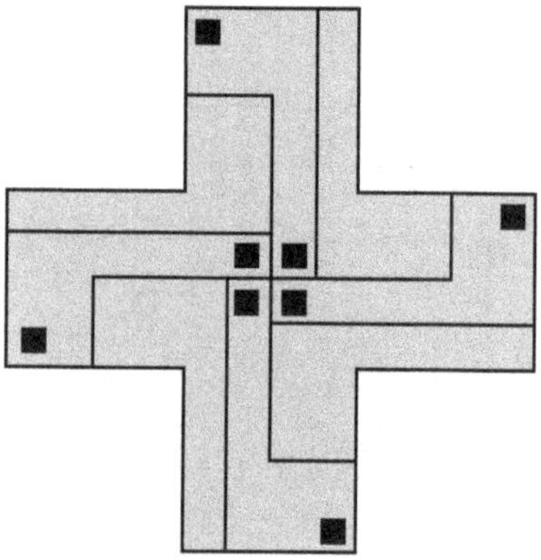

七、天才游戏

131.《数对趣排》答案

共 300 个：

1316738524627548；1316834752642857；
1316835724625847；1316837425624875；
1317538642572468；1317835264275846；
1318536724528647；1318637245268475；
1415684735263287；1415784365237286；
1415864725326837；1418634753268257；
1514678542362738；1516478534623728；
1516738543627428；1516782542637483；
1517368534276248；1517386532472684；
1518473564328726；1518627523468374；
1613758364257248；1613784365247285；
1613857362452874；1615847365432872；
1617285263475384；1617483564372582；
1618257263458374；1618274265348735；
1712682537463584；1712852467354836；
1712852637453864；1712862357436854；
1713568347526428；1713845367425826；
1714586347532682；1714683547362582；
1714853647352862；1716285247635483；
1716384537642582；1718246257438653；
1813475364825726；1814637543862572；
1815267245836473；1815374635842762；
2362834756141857；2382436754181657；
2382437564181576；2382736151487654；
2452684753161387；2452864751316837；
2462584736513187；2462784516137583；
2472864151736853；2482374635181765；
2572368534716148；2572638543761418；
2572834563741816；2572861514736843；
2582473564381716；2632783561417584；
2632853764151847；2642783465317185；
2672485364735181；2672815164735843；
2682171465384735；2682537463584171；
2732583467514186；2742853467351816；
2752683457364181；2782345637485161；
2812156734853647；2812157463854376；
2812164753846357；2812167345836475；
2812174635843765；2812175364835746；
2832463754816157；2842367435816175；
2852467354836171；2852637453864171；
2852716154837643；2852734653847161；
2862171456834753；2862357436854171；
3171358642752468；3171368524726548；
3171384562742586；3171386425724685；
3181346752482657；3181347562482576；
3181367245286475；3181375264285746；
3456384752612187；3467384516172582；
3478324625718165；3485374265281716；
3485374615182762；3486374151682752；
3564378546121728；3568327526418174；
3568347526428171；3568371516428724；
3574386541712682；3582372564181746；
3586371514682742；3627328564171548；
3628327561418574；3645378465121728；
3672382465714185；3681315764285247；
3681317465284275；3681317562482574；
3726328457614158；3746385427625181；
3758316157428624；3782342567481516；
3825327465814176；3845367425826171；
3847326425871615；3847362452876151；
3852362754816147；3857316154872642；
3861315746825427；3862352746851417；
4161748356237258；4161748526327538；
4161845726325837；4181742562387536；
4257248653171368；4258246751318637；
4268243756318157；4268247516138573；
4275248635713168；4278246151738653；

4567348536271218；4567841516372832；
4578141563728326；4586347532682171；
4617148562372538；4618147365238275；
4635843765121827；4637843265271815；
4672842365731815；4682542763581317；
4683547362582171；4716148537623528；
4718143567328526；4718146257238653；
4738543627528161；4738643257268151；
4752842657131863；4753648357261218；
4758141657238263；4782542637583161；
4815146735823627；4835743625827161；
4852642753861317；4853647352862171；
4857141653872362；4862742356837151；
5161785246237483；5161845736423827；
5171835463724826；5181365734286247；
5181375632482764；5181725623487364；
5247285463171386；5248275461318736；
5283275364181746；5286235743681417；
5364835746121827；5374835641712862；
5378235264718146；5378435624728161；
5618145763428327；5618175264238743；
5628425764318137；5671815364732842；
5673485364712182；5716185347632482；
5724825647131863；5728325637418164；
5746385437612182；5746825427631813；
5748625427368131；5784265247386131；
5814165743826327；5814175642832763；
5817135643872462；5823725364817146；
5824625743861317；5827425634873161；
5841715463827326；5864275246831713；
6151748653427328；6151847652432873；
6171825624735843；6171834653742852；
6181473654382752；6181537643582472；
6237283645171485；6238273651418754；
6257248653471318；6258237653418174；
6274258643751318；6275284635743181；
6278234653748151；6284273645381715；
6285247635483171；6357438654271218；
6357832652471814；6378131645728425；
6384537642582171；6417184635273285；
6418174625328735；6471814635723825；
6471814652732853；6475384635712182；
6475824625731813；6485724625387131；
6714185647235283；6734583647512182；
6751814657342832；6752842657431813；
6814157643852372；6827325634875141；
6831713645827425；6852472654831713；
7131683475264285；7131683572462584；
7131853672452864；7141568473526328；
7141586472532683；7141863475326825；
7236283475614185；7238243675418165；
7245268475316138；7245286475131683；
7246258473651318；7263285376415184；
7281215673485364；7281216475384635；
7283246375481615；7318134675248265；
7345638475261218；7368131576428524；
7385236275481614；7386131574682542；
7386235274685141；7416184572632583；
7425824675131863；7426824375631815；
7463584376512182；7468254276358131；
7481514673582362；7485264275386131；
7516184573642382；7518136573428624；
7528623574368141；7536483574612182；
7561814576342832；7562842576431813；
7581416574382632；7582462574386131；
7812162574836543；7813156374852642；
7823625374865141；7831613574862542；
8121625748365437；8121627538463574；
8121724568347536；8121726358437654；
8131563748526427；8131573468524726；

8131743568427526；8141673458362752；8236253748651417；8237243568471516；8246257438653171；8247263458376151；8253267358416174；8271215648735463；8271216458734653；8273264358746151；8316135748625427；8352732658417164；8357236258471614；8372632458764151；8416174358632752；8426724358637151；8427524638573161；8451714658237263；8456274258631713；8457264258376131；8514167548236273；8527326538471614；8613175368425724；8631713568427524；8642572468531713；8642752468357131。

132.《数独之1》答案

5	3	6	1	4	2
1	2	4	3	5	6
3	6	2	5	1	4
4	1	5	6	2	3
6	4	1	2	3	5
2	5	3	4	6	1

133.《数独之2》答案

2	4	3	6	1	5
6	1	5	2	4	3
5	6	2	1	3	4
4	3	1	5	2	6
1	5	4	3	6	2
3	2	6	4	5	1

134.《数独之3》答案

1	2	3	4	5	6	7	8	9
7	6	8	9	2	3	1	4	5
5	4	9	7	1	8	3	2	6
3	8	4	6	9	7	2	5	1
9	5	1	8	4	2	6	3	7
6	7	2	5	3	1	4	9	8
4	1	6	2	8	5	9	7	3
8	9	7	3	6	4	5	1	2
2	3	5	1	7	9	8	6	4

135.《数的整除》答案

相等。

16632÷1÷6÷6÷3÷2=77

33264÷3÷3÷2÷6÷4=77

51975÷5÷1÷9÷7÷5=33

77616÷7÷7÷6÷1÷6=44

136.《数字网阵》答案

连线的共有27条。

2+16+24；22+3+17；13+21+8；18+23+1；9+14+19；27+5+10；20+7+15；11+25+6；4+12+26；

2+22+18；16+3+23；24+17+1；13+9+20；21+14+7；8+19+15；27+11+4；5+25+12；10+6+26；

24+8+10；16+21+5；2+13+27；17+19+6；3+14+25；22+9+11；1+15+26；23+7+12；18+20+4。

没有连线的，在一条“直线”上与中心数14有关系的就有：16+14+

12；17＋14＋11；13＋14＋15；8＋14＋20；22＋14＋6；18＋14＋10；23＋14＋5；1＋14＋27；2＋14＋26。

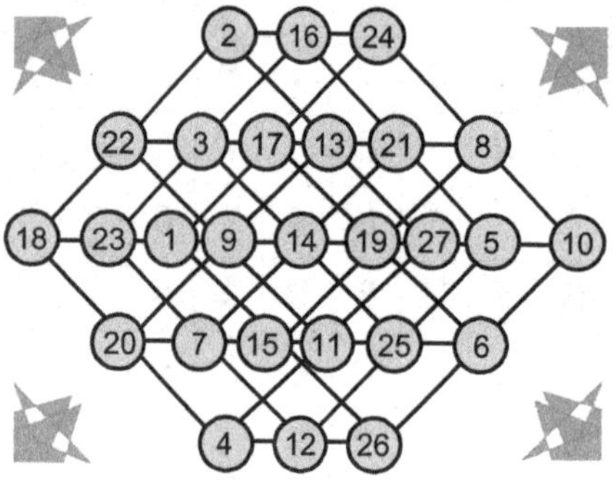

137.《数线段》答案

（1）以圆点为端点的线段共有 16 条。

（2）以圆点为端点的线段共有 36 条。

138.《数三角形》答案

由一块构成的三角形有 12 个；

由两块构成的三角形有 6 个；

由三块构成的三角形有 12 个；

由四块及以上构成的三角形有 6 个。

共有 36 个三角形。

139.《数毛毛虫》答案

这个三角形中共有 35 条毛毛虫。

140.《填数求 A》答案

A 为 89。

178÷2＝89

356÷4＝89

534÷6＝89

712÷8＝89

141.《特殊算式》答案

B 式是特殊算式。

A　46＋89＋$\boxed{1}$35＝$\boxed{2}$70（或 58＋69＋$\boxed{1}$43＝$\boxed{2}$70）

B　此题无解，将给出的百位数字 4 移到和的十位上，它可以填出：

82＋97＋$\boxed{3}$61＝5$\boxed{4}$0

C　27＋89＋$\boxed{5}$14＝$\boxed{6}$30

D　36＋49＋$\boxed{7}$25＝$\boxed{8}$10

142.《填数奇招》答案

由乘法分配律得知，两个数的和与一个数相乘，可以先把它们分别与这个数相乘，再相加，得数不变。这里是三个数的和，同样适用乘法分配律。

算式的结果与例子的得数是呈倍数关系的，以例式为标准，得 2222 的算式要填的三个数，可参照例式，各乘以 2 即可。第一个空格内填写的数为 21×2 即 42，第二个空格内填写的数为 20×2 即 40，第三个空格内填写的数为 10×2 即 20，得数自然就是 1111×2 即 2222 了。

由例子 21×21＋22×20＋23×10＝1111 而知，要想得到得 2222 的算式，给原例子算式等号左右都扩大 2 倍，算式可写作：

（21×42＋22×40＋23×20）×2＝1111×2＝2222

21×21×2＋22×20×2＋23×10×2＝1111×2＝2222

21×（21×2）＋22×（20×2）＋23×（10×2）＝1111×2＝2222

21×42＋22×40＋23×20＝2222

以此类推，可以分别求出下面的答案来。

（21×42＋22×40＋23×20）×3＝1111×3＝3333

21×21×3＋22×20×3＋23×

10×3=1111×3=3333

21×（21×3）+22×（20×3）+23×（10×3）=1111×3=3333

21×63+22×60+23×30=3333

（21×42+22×40+23×20）×4=1111×4=4444

21×21×4+22×20×4+23×10×4=1111×4=4444

21×（21×4）+22×（20×4）+23×（10×4）=1111×4=4444

21×84+22×80+23×40=4444

（21×42+22×40+23×20）×5=1111×5=5555

21×21×5+22×20×5+23×10×5=1111×5=5555

21×（21×5）+22×（20×5）+23×（10×5）=1111×5=5555

21×105+22×100+23×50=5555

（21×42+22×40+23×20）×6=1111×6=6666

21×21×6+22×20×6+23×10×6=1111×6=6666

21×（21×6）+22×（20×6）+23×（10×6）=1111×6=6666

21×126+22×120+23×60=6666

（21×42+22×40+23×20）×7=1111×7=7777

21×21×7+22×20×7+23×10×7=1111×7=7777

21×（21×7）+22×（20×7）+23×（10×7）=1111×7=7777

21×147+22×140+23×70=7777

（21×42+22×40+23×20）×8=1111×8=8888

21×21×8+22×20×8+23×10×8=1111×8=8888

21×（21×8）+22×（20×8）+23×（10×8）=1111×8=8888

21×168+22×160+23×80=8888

（21×42+22×40+23×20）×9=1111×9=9999

21×21×9+22×20×9+23×10×9=1111×9=9999

21×（21×9）+22×（20×9）+23×（10×9）=1111×9=9999

21×189+22×180+23×90=9999

看似颇难下手的一道题，一道奇妙的填数游戏，分析下来，其实它与课本上的知识是有着密切关系的。

143.《四面体与八面体》答案

1+2+4=7

1+2+5=8

4+2+3=9

5+2+3=10

1+6+4=11

1+6+5=12

6+4+3=13

6+5+3=14

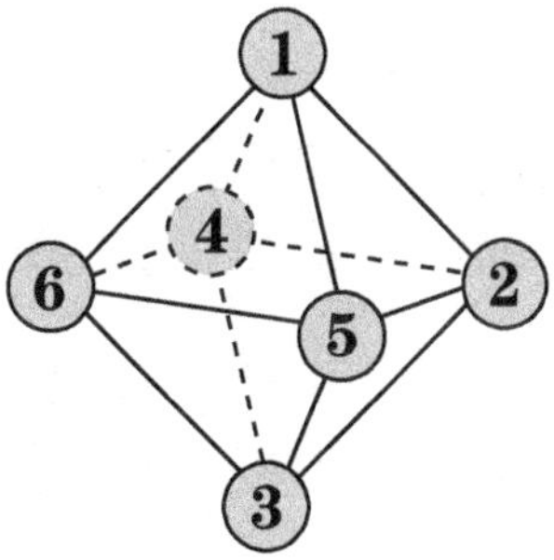

144.《添符号》答案

(1+3+8) ×25=300

(1−3+82) ×5=400

1×3×8×25=600

(138+2) ×5=700

(1+3) ×8×25=800

145.《马踏连营》答案

每横行、竖列上八个数之和为 260。

146.《马踏十字》答案

因为这是一个回路的马踏十字，如果顺次更改，很容易获得另外的答案的。

即原来的 1 改到 2，原来的 2 改到 3，原来的 3 改到 4，原来的 4 改到 5，……,原来的 12 改到 1。像这样的更改，可以得到 12 种不同的转换形式。

另外，如果你能够动脑筋，还可以不依照原图找出另外的三种答案，如下图。

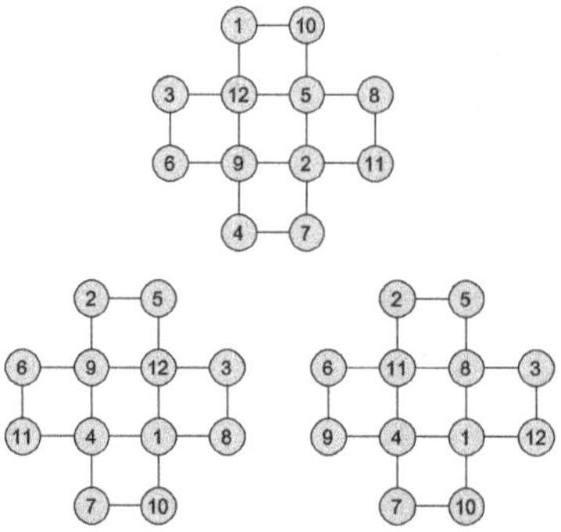

147.《日复一日》答案

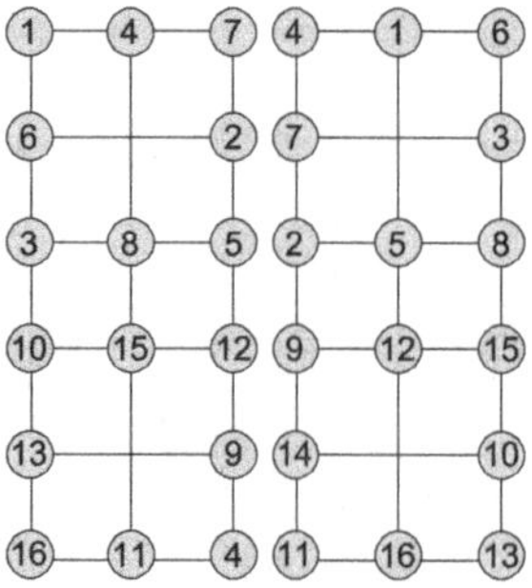

148.《六六大顺》答案

9	20	32	15	21	23	4	8
2	11	14	12	10	24	31	28
25	6	13	22	19	18	26	3
30	29	7	17	16	1	5	27

149.《面面俱到》答案

先由缺少一个数的面或直线的空格填起，不难推理出答案。

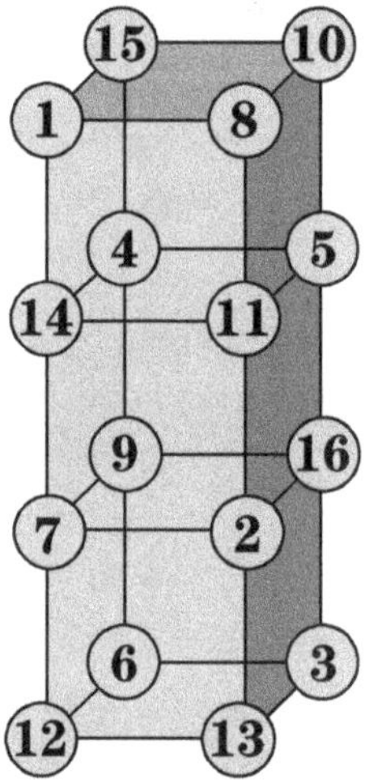

150.《另一种答案》答案

佳佳的思路非常正确，想到让算式中的一些“多余”数字“抵消”，正确答案就呼之欲出了。

1÷2×3×4×5÷6×7=35

151.《六边形填数》答案

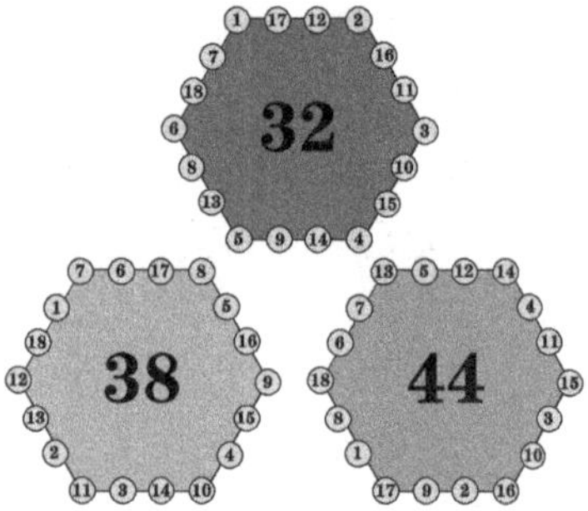

152.《六个数字》答案

显然，两个加数的和尽可能要大，而减数尽量的要小。首先，假如减数为12，那么要让两个加数的和为90（即12＋78），3和5只能做十位上数字，4和6则只有做个位上的数字，会有4种答案：

34＋56－12＝78，

36＋54－12＝78，

54＋36－12＝78，

56＋34－12＝78，

其次，让减数为21时，两个加数的和为99（即21＋78），3和6与4和5都有可能做十位数字和个位数字，让3和6做十位数字，会有4种答案：

34＋65－21＝78，

35＋64－21＝78，

64＋35－21＝78，

65＋34－21＝78。

让4和5做十位数字的话，同样有4种答案。

43＋56－21＝78，

46＋53－21＝78，

53＋46－21＝78，

56＋43－21＝78。

假如让减数为13、14等数，通过试验是没有答案的。

共有以上12种答案。

153.《田填数独之1》答案

1	2	3	4	5	5	7	8	9
7	6	8	2	3	9	4	1	5
4	9	5	7	1	8	3	6	2
9	4	1	3	8	2	5	7	6
8	5	6	1	7	4	9	2	3
3	7	2	6	9	5	8	4	1
5	3	4	8	2	1	6	9	7
6	1	9	5	4	7	2	3	8
2	8	7	9	6	3	1	5	4

154.《田填数独之2》答案

8	6	5	3	9	1	7	2	4
1	3	2	8	7	4	9	6	5
9	7	4	5	6	2	8	1	3
4	9	6	1	2	3	5	7	8
7	1	8	4	5	6	3	9	2
2	5	3	7	8	9	1	4	6
3	4	9	6	1	8	2	5	7
5	8	1	2	4	7	6	3	9
6	2	7	9	3	5	4	8	1

155.《田填数独之3》答案

9	8	6	4	5	1	7	3	2
7	1	2	3	9	8	5	6	4
3	4	5	6	2	7	1	9	8
5	7	8	9	6	4	3	2	1
1	3	9	5	8	2	6	4	7
2	6	4	1	7	3	8	5	9
4	5	7	8	3	9	2	1	6
8	9	3	2	1	6	4	7	5
6	2	1	7	4	5	9	8	3

156.《涂色游戏之1》答案

157.《涂色游戏之 2》答案

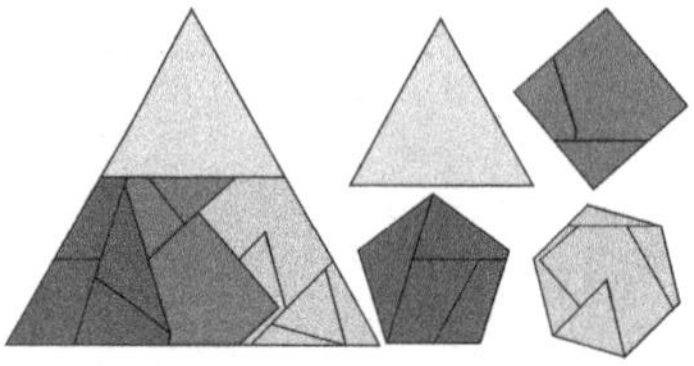

158.《五环数阵》答案

由题目要求每个圆环上的三个数之和都得 19 知，而含有 10 和 1 的圆环上的空内是 19－10－1＝8，含有 10 和 2 的圆环上的空内是 19－10－2＝7，知道了 7 的位置和 3，那么另一个空内的数为 9，知道了 9 和 4，另一个数是 6，知道了 8 的 6，最后的那个数 5 就非常好填了。

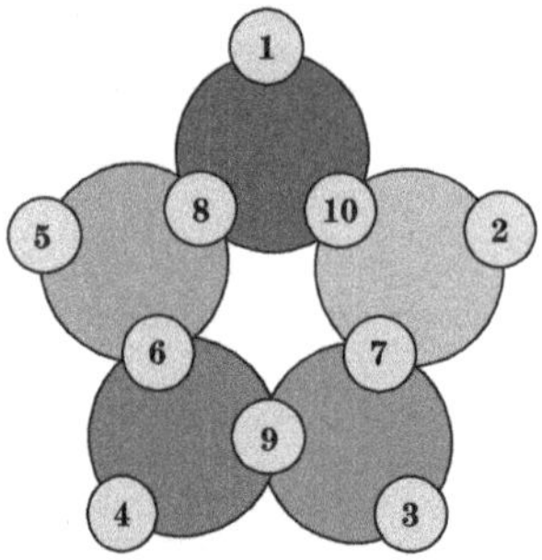

159.《五环填数》答案

题目中给出了一个关键的数 1，知道了它的位置，我们可以很快找到它的答案。

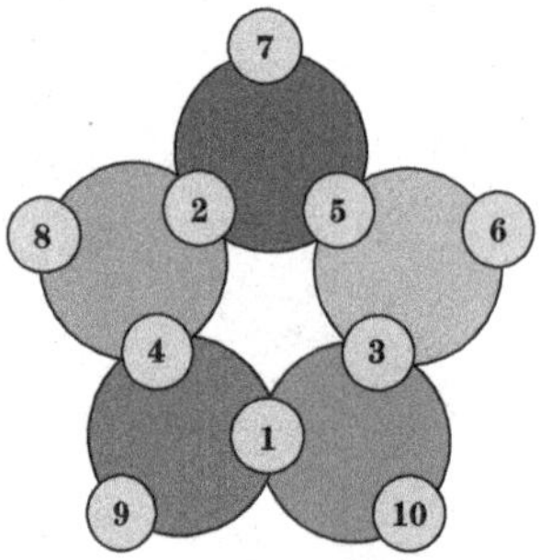

160.《五边形填数》答案

由提示不难推测出其他空格内的数。

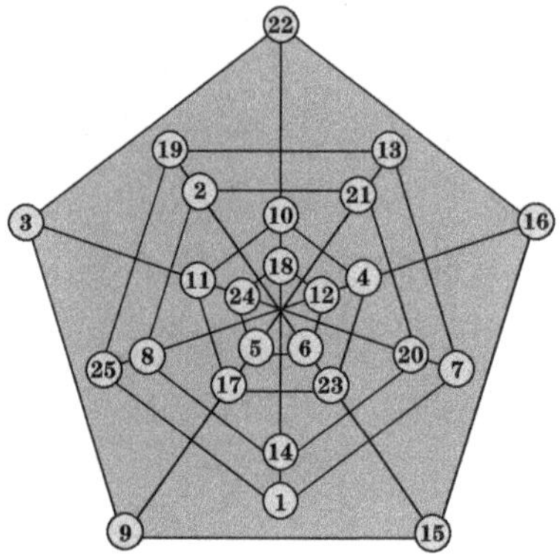

161.《五环趣排》答案

答案不含有左右对称交换的有九种，这里仅举一例。

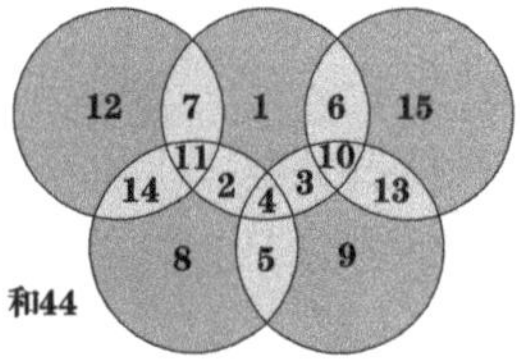

162.《五彩斑斓》答案

“红、黄、蓝、白、黑”表示 1、6、3、8、4。

这道题并没有太多的麻烦，只需要你仔细算一下就好了。

$128^2 = 16384$

$178^2 = 31684$

$191^2 = 36481$

$196^2 = 38416$

$209^2 = 43681$

163.《五朵鸡冠花》答案

八、五星填数

164.《五角星填数之 1》答案

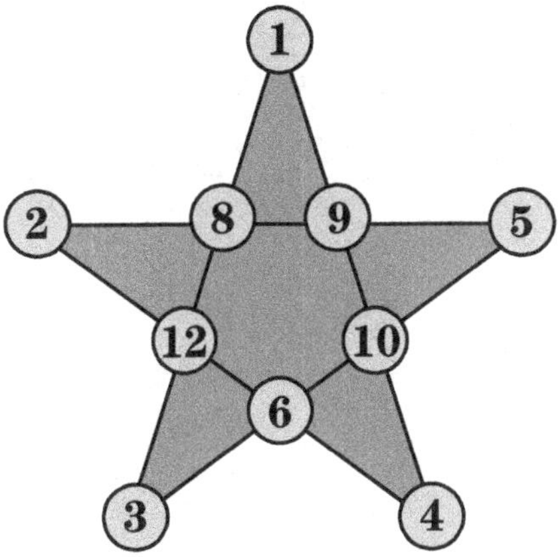

165.《五角星填数之 2》答案

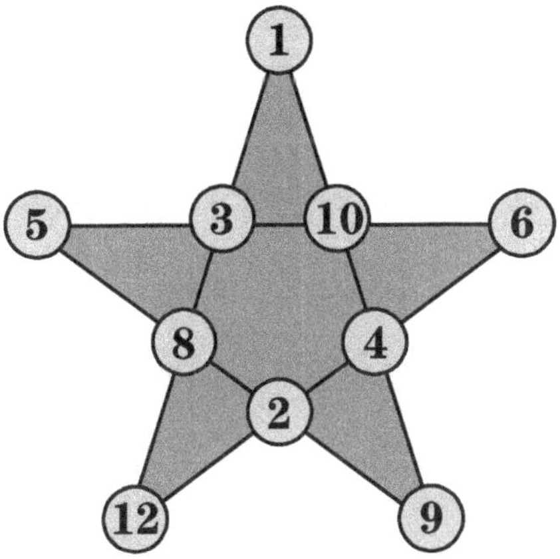

166.《五角星填数之 3》答案

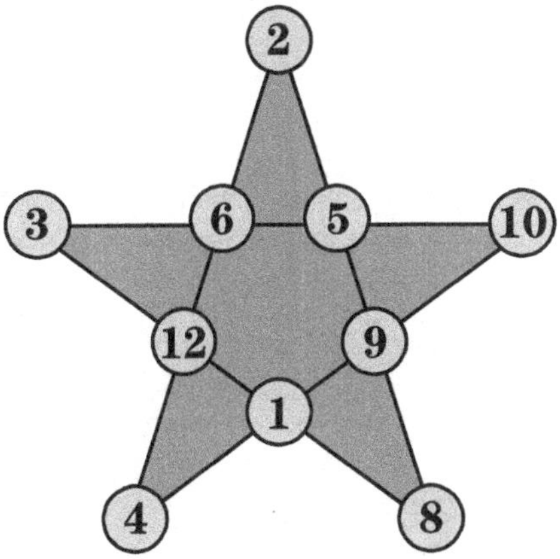

167.《五角星填数之 4》答案

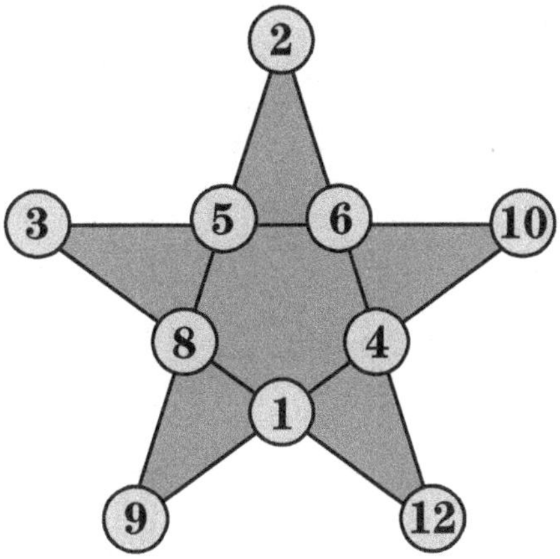

168.《五角星填数之 5》答案

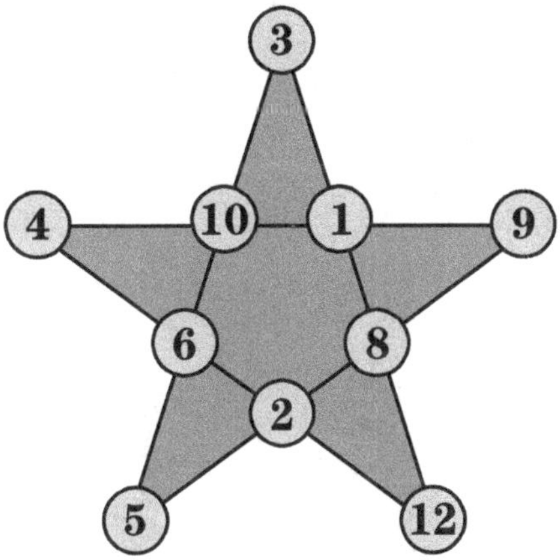

169.《五角星填数之 6》答案

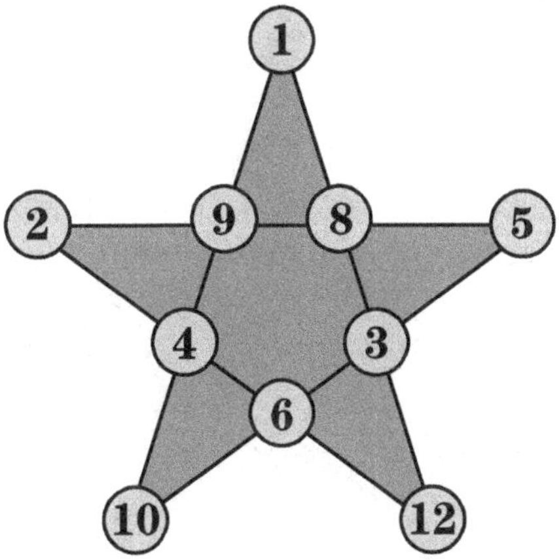

170.《五角星填数之 7》答案

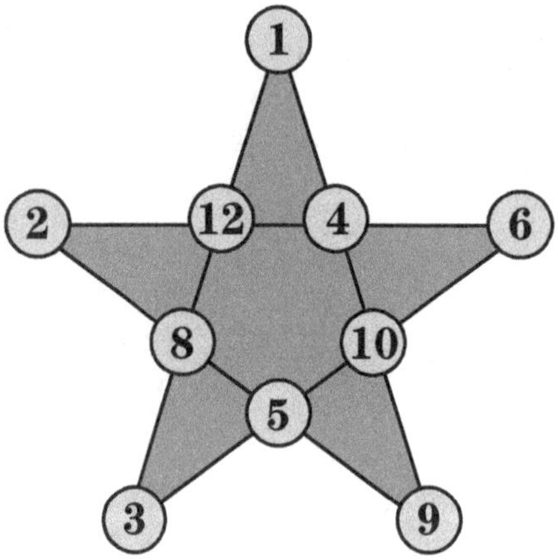

171.《五角星填数之 8》答案

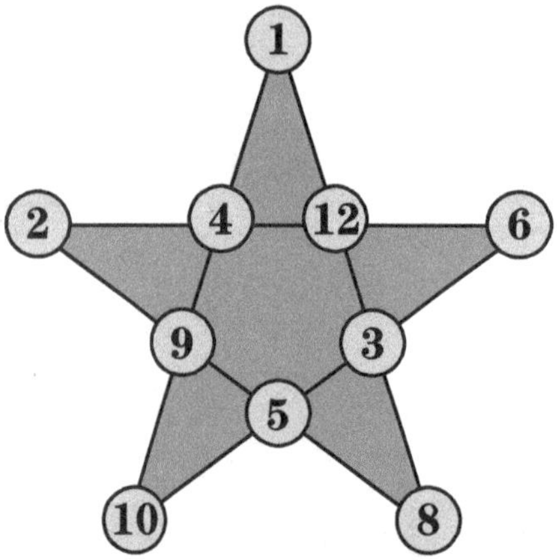

172.《五角星填数之 9》答案

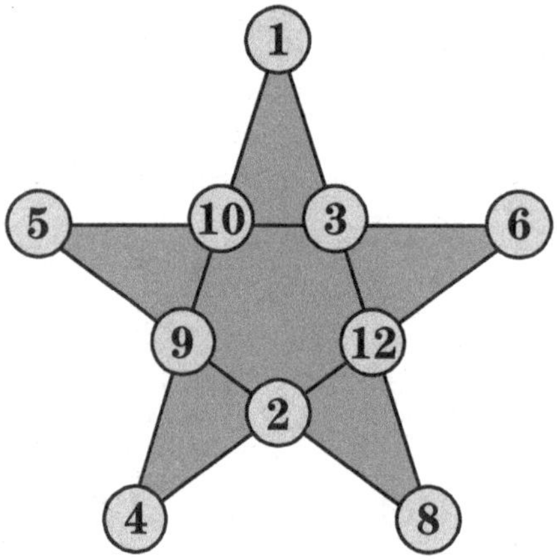

173.《五角星填数之 10》答案

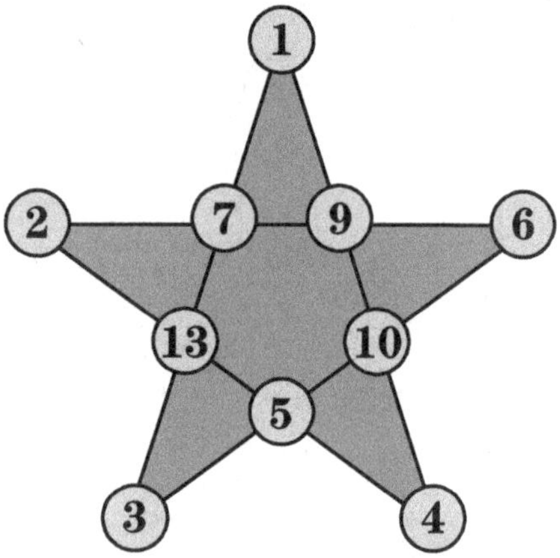

174.《五角星填数之 11》答案

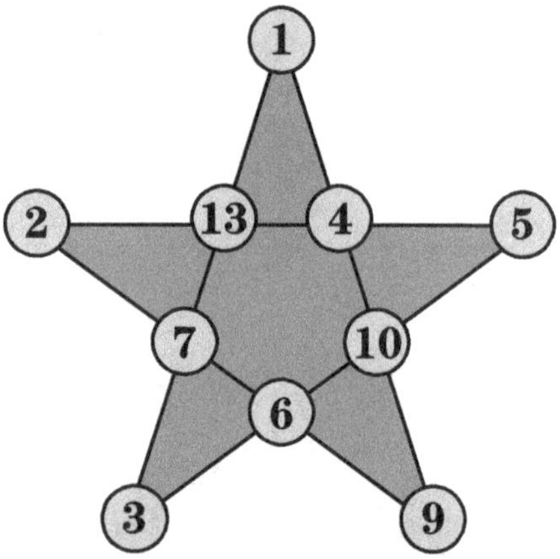

175.《五角星填数之 12》答案

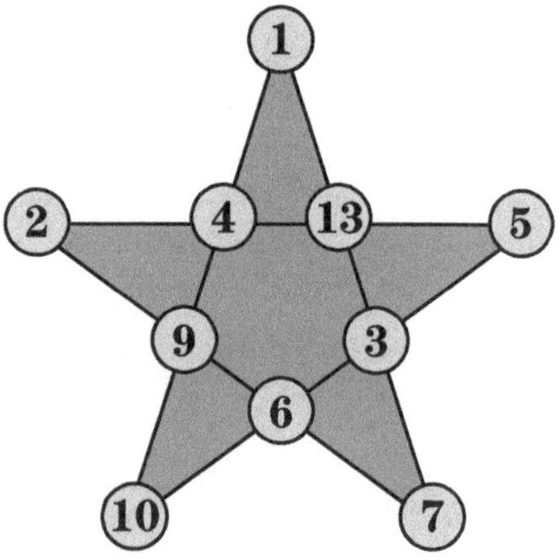

176.《五角星填数之 13》答案

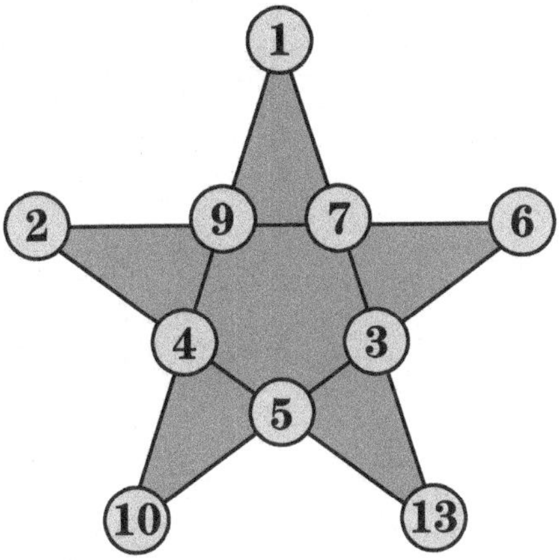

177.《五角星填数之 14》答案

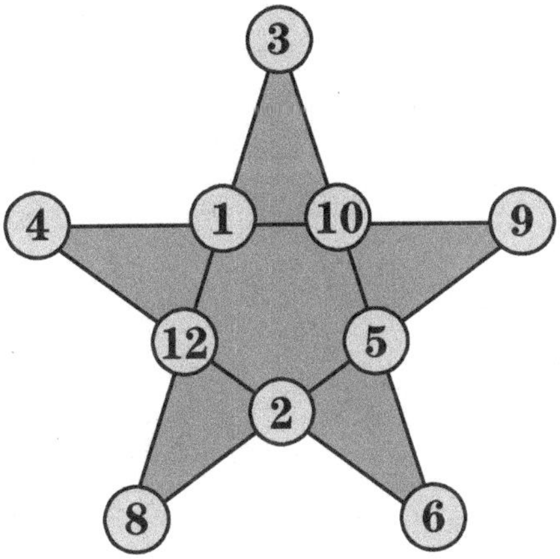

178.《五角星填数之 15》答案

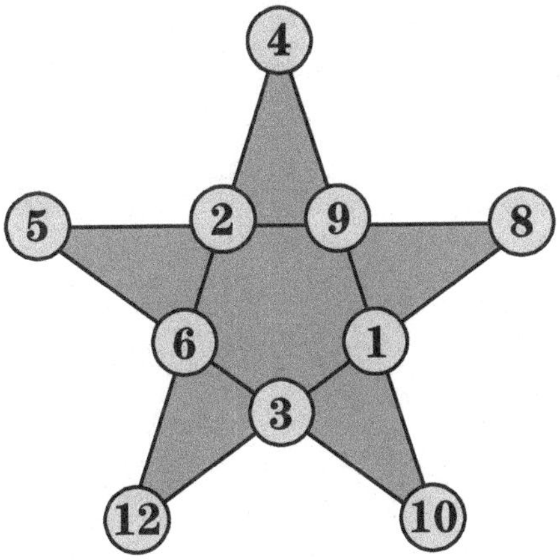

179.《五角星填数之 16》答案

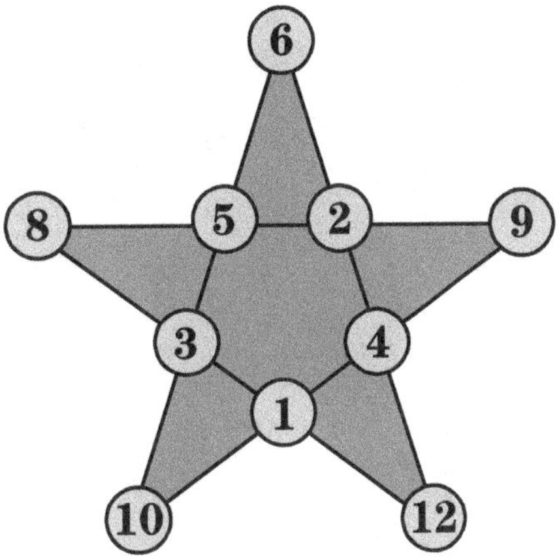

180.《五角星填数之 17》答案

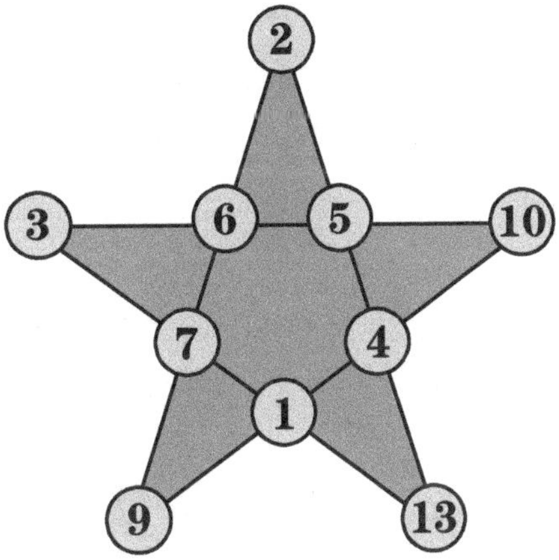

181.《五角星填数之 18》答案

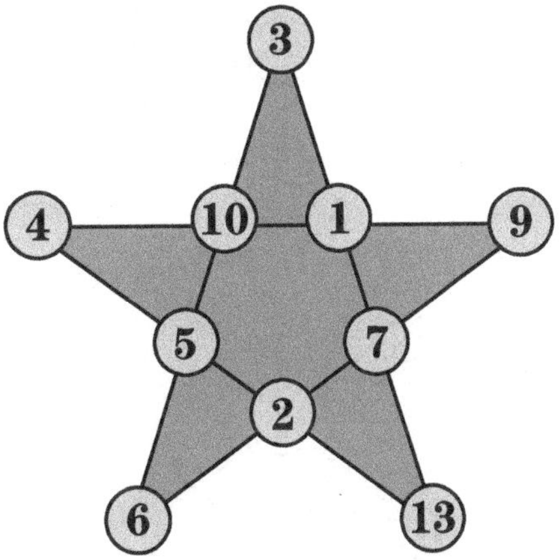

182.《五角星填数之19》答案

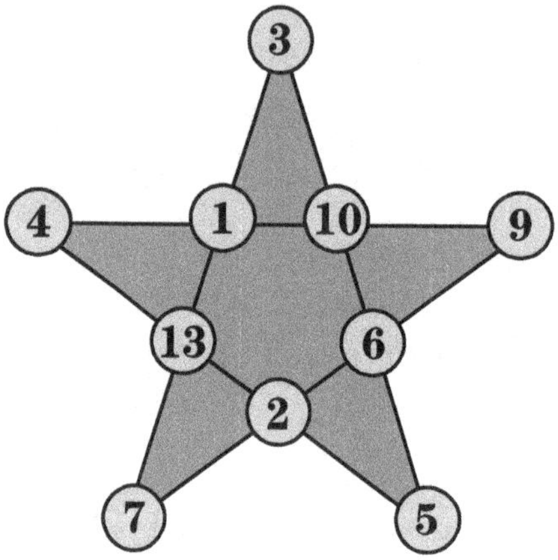

183.《五角星填数之20》答案

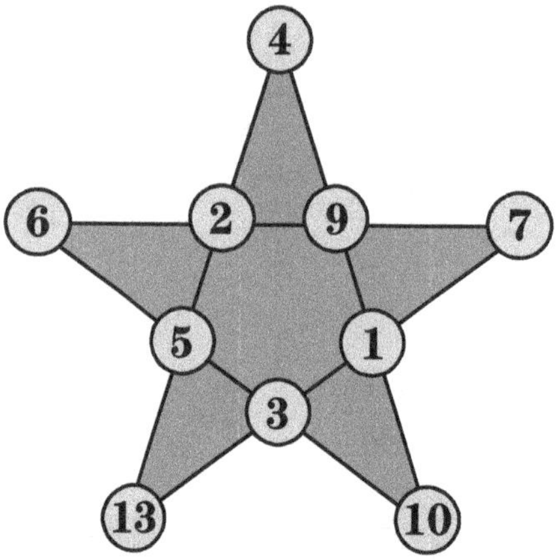

184.《五角星填数之21》答案

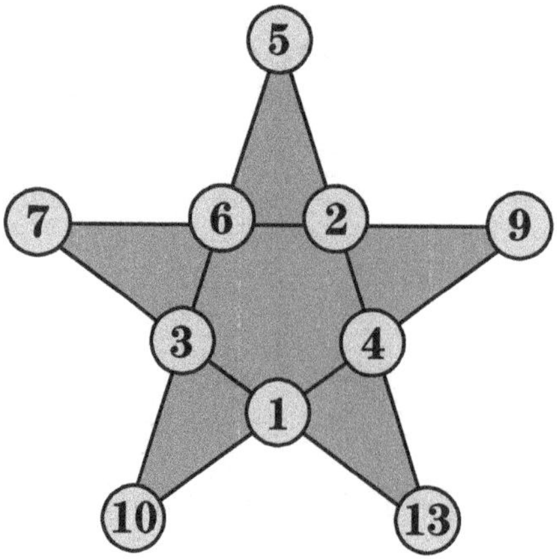

185.《五角星填数之22》答案

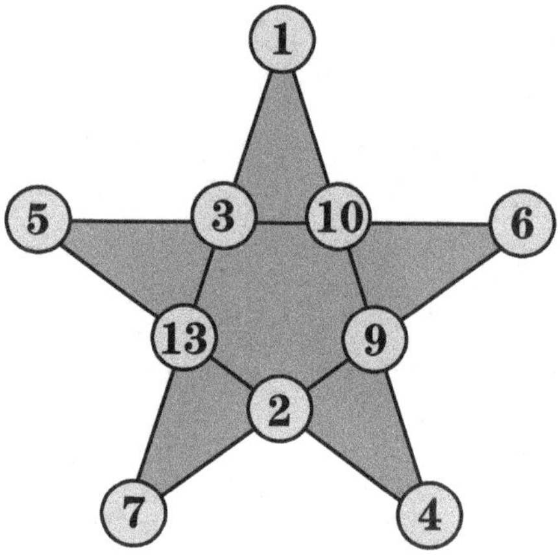

186.《五角星填数之23》答案

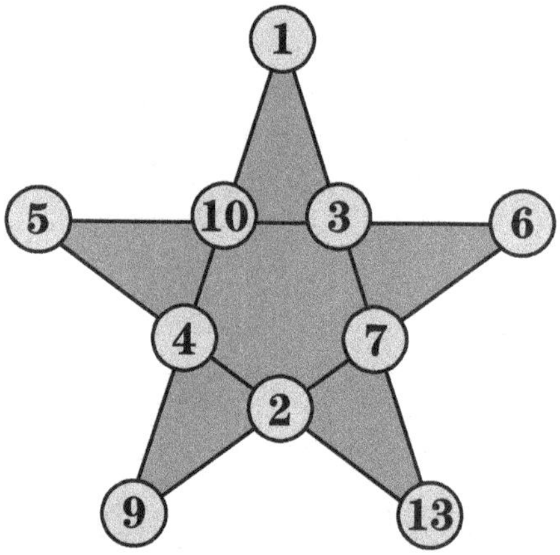

187.《五角星填数之24》答案

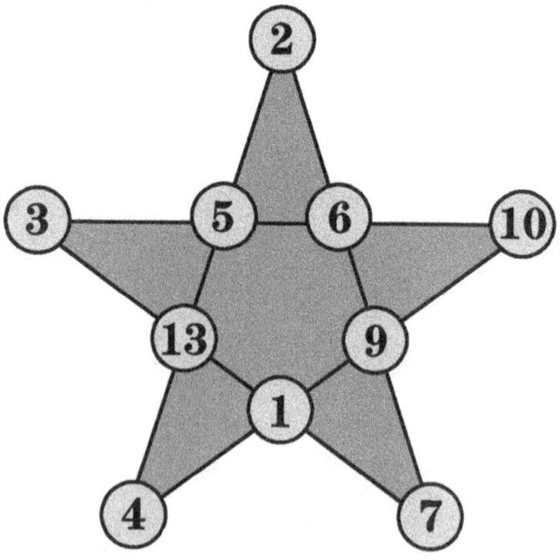

188.《相同数字之 1》答案

空格内填 8，等式为：

$141 \times 84 = 11844$

189.《相同数字之 2》答案

空格内填 6，等式为：

$3^{6} \div 4 \div 5 = 36.45$

190.《相同数字之 3》答案

空格内填 9，等式为：

$936 \times 36 = 33696$

191.《相同数字之 4》答案

由积和因数个位上的数字，不难推测出空格内填 8，等式为：

$4128 \times 3 = 12384$

192.《趣得 16》答案

如图。

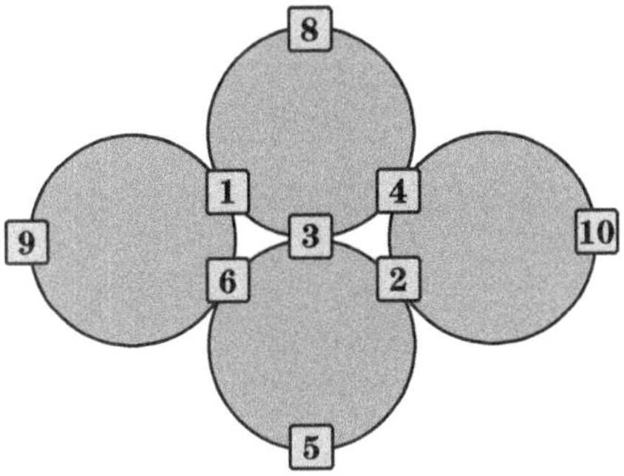

193.《三环填十数之 1》答案

如图。

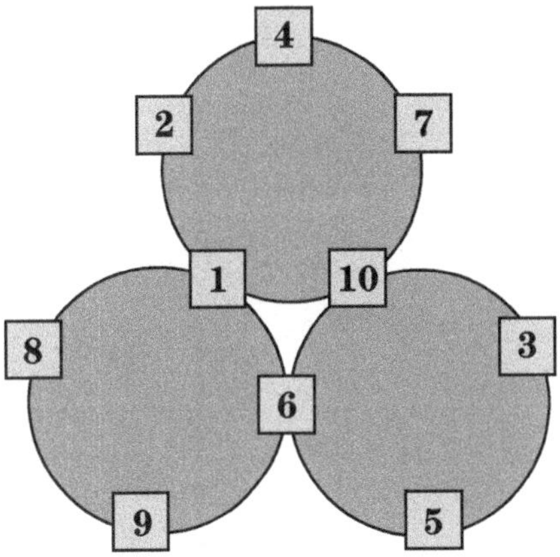

194.《三环填十数之 2》答案

如图。

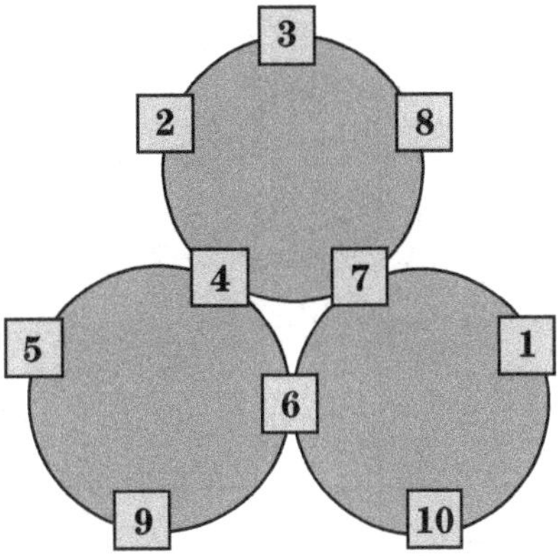

195.《三环填十数之 3》答案

如图。

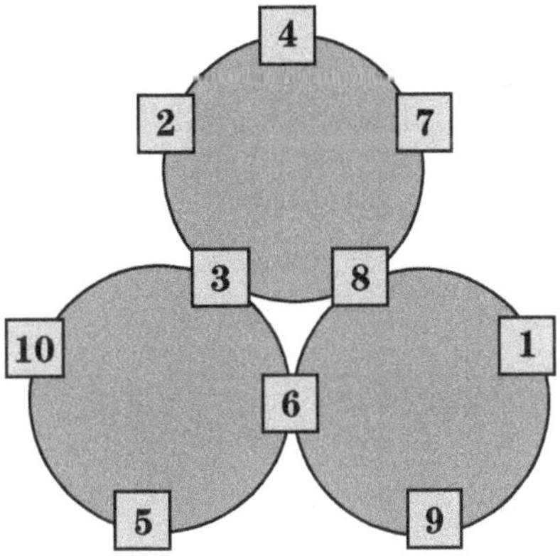

196.《三环填十数之 4》答案

如图。

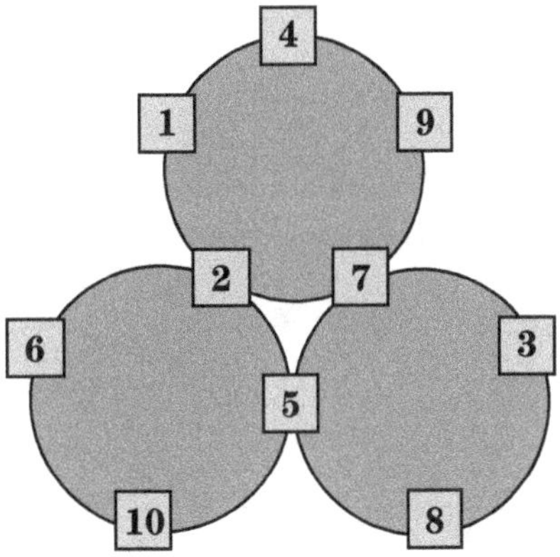

197.《三环填十数之 5》答案

如图。

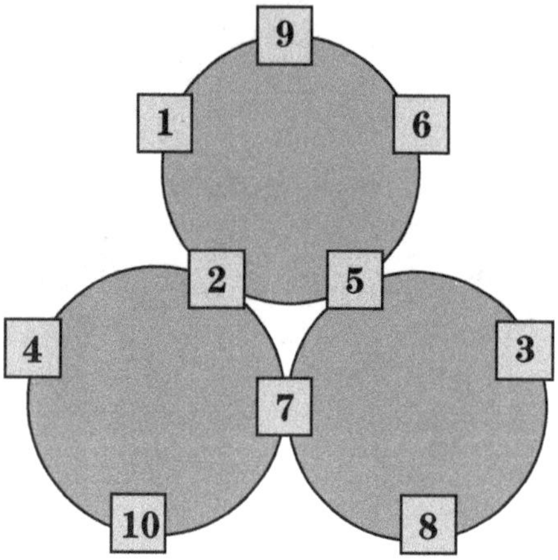

198.《三环填十数之 6》答案

如图。

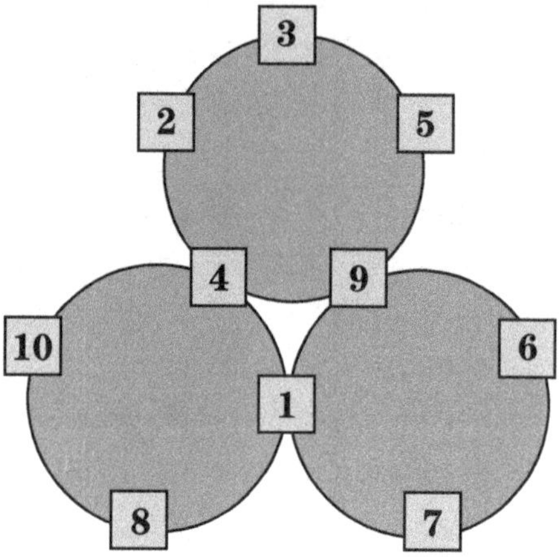

后　记

POSTSCRIPT

当我接到出版社的约稿，着手写这套书的时候，我想起了应该给书定个名吧，不然不好着手。

于是，我记起了上海《少先队活动》杂志总监张培俊老师的话。他说，做编辑这么久，发现了一个问题，好多来稿中的智力题，大都来自国外，如俄罗斯、日本、美国等。他问我愿不愿意着手写好咱们自己的原创智力题。张老师的话深深印在我的脑海。我一直为写出自己的作品、为让原创的智力题占据中国的报刊而努力。后来，科学出版社的编辑找到我，非常希望将我 30 余年在益智创作方面的成就和收获展示出来，这才有了今天“越玩聪明的数学游戏”这套丛书。

为广大学生、数学爱好者等写出具有中国特色的益智趣题，是我的誓言，也是我的心愿。为了这套书的编写，我把自己多年来在报刊上发表的作品进行了筛选，并增加了许多的新的作品。如果大家喜欢这套书，我还会陆续写出更多的该类作品，为中国的 IQ 研究做出自己更大的贡献。

在写作中，我要感谢的师友很多很多。孙维梓、张颖、张祉浩老师及各报刊的编辑老师，大都对我有着指导和帮助，或寄来珍贵的资料，或悉心修改文字。科学出版社的专业出版团队更是付出了辛勤的汗水，帮助我打造这套精美的益智读物。

由于水平所限，不足之处定然不少，望指正。

山东省科普创作协会理事　吴长顺

联系地址：山东巨野县永丰办魏海学校（邮编 274900**）**

QQ：805086566

E-mail：8196321@163. com